TEORÍA DEL CUERPO HUMANO

Msc. Alex Pavón L.

Alex, Pavón
Teoría del Cuerpo Humano. / Alex Pavón L.--
1 ed. -Managua, Marzo 2023
204 p

ISBN: 978-99964-1-026-0

unaecuacionparaelcuerpohumano@gmail.com

Titulo Original: Teoría del Cuerpo Humano

Primera edición: Abril 2023
Cuido de la edición: Lic. Xiomara Reynosa H.
Diagramación: Freddy Lezama González
Diseño de Portada: Lic. Xiomara Reynosa H.

Impreso: Gutemberg Impresiones
impresionesgutenberg@hotmail.com
Managua, Nicaragua
8257-8694

Índice

CAPÍTULO 1 Introducción 7

CAPÍTULO 2 Una duda razonable..... 11

CAPÍTULO 3 El hombre un ser vivo que evoluciona y se adapta. 18

3.1 El cuerpo humano la maquina perfecta. 19

3.2 Ramas de la ciencia que estudian el cuerpo humano.. 25

3.3 Estructura del ser humano de acuerdo a sus niveles de organización.... 29

3.4 El ser humano como sistema termodinámico. 31

3.5 Conceptos de temperatura central, superficial y corporal. 33

3.6 Control de temperatura corporal.. 37

3.7 Termogénesis y termólisis. 38

3.8 Fuentes energéticas del cuerpo humano.. 42

3.9 Balance energético... 44

3.10 Cambios en el contenido de calor del organismo... 47

CAPÍTULO 4 Metabolismo como función del peso y la altura.. 48

4.1 Factores que afectan la tmb.... 49

4.2 Utilidad de la tasa metabólica basal... 50

4.3 Calculo de la tasa metabólica basal por la calorimetría. 51

4.4 Formulas para estimar el metabolismo basal.... 56

CAPÍTULO 5 Primera ley y el cuerpo humano ... ... .59

5.1 El primer principio de la termodinámica. 62

5.2 El primer principio de la termodinámica y el cuerpo humano... 65

5.3 Metabolismo basal y la primera ley de la termodinámica. 70

CAPÍTULO 6 Metabolismo basal definición termodinámica. 74

CAPÍTULO 7 Energía interna incógnita o enigma. .. 79

7.1 Energía interna del cuerpo humano incógnita en la ecuación de la primera ley de termodinámica.. ... 81

CAPÍTULO 8 Temperatura y metabolismo 84

8.1 Temperatura corporal como función metabólica.. ... 85

8.2 Temperatura corporal y equilibrio térmico... 89

8.3 Factores que hacen variar la temperatura corporal.. 91

8.4 Límite máximo de temperatura corporal.. 96

CAPÍTULO 9 Segunda ley y el cuerpo humano. 101

9.1 El segundo principio de la termodinámica... 102

9.2 Ecuación del segundo principio de la termodinámica.. 104

9.3 Concepto original de la entropía.... 109

9.4 Entropía propiedad termodinámica 111

9.5 Establece la dirección de los procesos.. 112

9.6 Variación de entropía del universo.... 114

9.7 Entropía y desorden.... 115

9.8 La entropía como flecha del tiempo.. 117

9.9 Entropía en su definición moderna... 119

9.10 La entropía difícil de definir.... 120

CAPÍTULO 10 Una ecuación para el cuerpo humano. 125

10.1 El cuerpo humano no es una maquina térmica.... 126

10.2 El cuerpo humano como depósito térmico (sistema disipativo). ... 131

10.3 Cambio de entropía del cuerpo humano. ... 134

10.4 Ecuación del cuerpo humano... 141

CAPÍTULO 11 Valores de energía y cambio de entropía del cuerpo humano ... 143

11.1 Calculo de la variación de entropía del cuerpo humano ... 143

11.2 Calculo de la energía interna u para el cuerpo humano... 150

11.3 Obesidad y su relación termodinámica... 156

11.4 Porque engordamos?... 158

CAPÍTULO 12 Cambio de entropía y sus efectos ... 164

12.1 Variación de la entropía del cuerpo humano a diferentes temperaturas... 165

CAPÍTULO 13 El ser humano energía, materia y vida consciente... 172

13.1 El ser humano es materia, energía, e inteligencia propia... 175

13.2 Las leyes de termodinámica para comprender las propiedades observables del cuerpo humano y sus variaciones... 178

Conclusiones... 185

Trabajos citados ... 189

Web grafía... 197

Capítulo 1
INTRODUCCIÓN

El presente libro es el resultado de todo un estudio, revisión y análisis de la información disponible en internet, así como deducciones propias respecto al tema del cuerpo humano y su relación con la termodinámica. Comprende un arduo trabajo desarrollado en los últimos años, con el propósito fundamental de **determinar un marco conceptual que pueda describir el comportamiento energético del ser humano.**

No existe evidencia de un estudio meticuloso donde a través de las leyes de termodinámica pueda describirse el metabolismo basal de las personas.

Considerando que la persona humana es un sistema complejo, un ser que tiene conciencia en sí mismo y que puede autorregularse hasta ciertos límites, no es difícil darse cuenta que, para realizar sus propios procesos, requiere de energía, además que intercambia energía con el medio (el ambiente) en que interacciona.

La primera ley de la termodinámica estudia los conceptos de transferencia de calor y de equilibrio térmico, los conceptos de trabajo efectuado por un sistema, de energía interna y de todo lo relacionado con los intercambios energéticos entre los sistemas y su medio externo.

La termodinámica es una ciencia, y como tal está constituida por el conjunto de conocimientos (leyes) sobre una materia determinada que fueron obtenidos mediante la observación y la experimentación.

Si observáramos con más detalle el ambiente que nos rodea, nos percataríamos que el ser humano interactúa en un entorno que cambia gradualmente su temperatura mientras transita del día hacia la noche, esto provoca un stress corporal porque nuestro cuerpo tiene que ajustarse constantemente a cada nueva condición de temperatura.

La evolución le ha permitido al ser humano mantener su temperatura constante en 36.5 °C, y a la vez, poderla variar en un grado °C para mantener sus procesos vitales. A este proceso se le conoce como metabolismo y no es más que la producción de entropía para mantener la temperatura constante. Cualquier actividad que realiza el cuerpo humano trae consigo un aumento de temperatura debido a que se requiere más energía para dicha actividad. Por tanto, el lograr mantener constante la temperatura, requiere de intercambio de calor con el medio externo (ambiente).

Es por esa relación entre energía y ser humano, por esa necesidad de energía, aunque estemos tumbados todo el día en la playa, por esa energía que requerimos para el movimiento continuo que rige la vida cotidiana; es que estamos convencidos de que se pueden aplicar los conceptos de termodinámica al cuerpo humano y se puede configurar una ecuación que describa mediante determinadas variables el comportamiento energético de las personas.

Para poder actuar sobre el cuerpo humano y corregir alguna situación que lo afecte, es necesario conocer cómo funciona.

Conociendo las variables que inciden en su balance energético, se podrán conocer los desajustes en su salud, valorar y mantener su estado nutricional adecuado, controlar el sobre peso y obesidad causados por el desconocimiento del equilibrio energético corporal, estimar los cambios de metabolismo en pacientes críticos, conocer las variaciones de temperatura corporal causadas por las actividades propias de las personas o el medio ambiente, estimar la reposición de líquidos por deshidratación durante ejercicios extremos, y además, toda persona podrá aprender a gestionar su cuerpo desde el punto de vista de la energía.

En el libro se exponen de forma breve los conceptos de la primera y segunda ley de la termodinámica, conceptos de entropía y energía, conceptos de temperatura corporal y metabolismo. A continuación, se determina la relación entre estos conceptos y el modelo de sistema abierto (cuerpo humano), para luego aplicar las leyes referidas y obtener las ecuaciones de la termodinámica que definen el comportamiento del mismo.

Parte de la información aquí plasmada proviene de la web y, se citaron y agregaron a este libro, aquellos párrafos que explicaban de forma clara y concisa; un tema determinado, un esclarecimiento, una definición, etc., para ir poco a poco armando este rompecabezas y obtener al final los resultados que estoy mostrando.

Estos conceptos enriquecerán la propia visión del hombre al comprender que los desajustes de la salud están ligados a su balance energético. Cualquier desequilibrio energético fuera del mínimo que requiere el cuerpo para vivir, se manifiesta en el cuerpo físico mediante enfermedades y patologías que producen alteraciones en el nivel de vida desde el punto de vista de la salud.

Todo lo anterior se consolida obteniendo las ecuaciones desde el punto de vista de las dos leyes termodinámicas que describen el metabolismo corporal. En base a ello se obtuvo una definición de metabolismo relacionado con la masa y la temperatura del cuerpo humano y definí los enunciados desde el punto de vista termodinámico.

La sencillez en la descripción de los conceptos aquí expresados es esencial para lograr una buena comprensión de los temas tratados en este libro.

MSc. Ing. Alex Pavón L.

Capítulo 2
UNA DUDA RAZONABLE...

El hombre a lo largo de su existencia siempre ha tenido dudas que a la larga muchas de ellas jamás serán aclaradas, porque el tiempo de nuestra existencia es un suspiro en relación al tiempo del universo.

La duda principal que no podrá resolverse, sin temor a equivocarme será aquella que decía el poeta Nicaragüense Rubén Darío "y no saber adónde vamos ni de dónde venimos".

Pero bueno, esa no es la duda a la que me quiero referir en este capítulo. Si no aquella en la que aun después de tantos estudios que se han hecho al cuerpo humano, no tengamos "un algo" que nos defina energéticamente, una fórmula que describa porque se nos altera la presión o talvez poder tener al alcance una tabla termodinámica como la del vapor de agua, que nos indique los cambios de energía o entropía que se pudiesen dar en el organismo, es decir, una ecuación que pueda predecir el comportamiento del ser humano. No tenemos una teoría.

Tenemos que recurrir a médicos especialistas cuando tenemos algún malestar de nuestra salud, que a veces son problemas menores, que a la larga uno mismo los podría resolver. Pero pregunto ¿no sería factible?, que, si tuviésemos un compendio de resolución de problemas menores (estás loco pensaran algunos) del cuerpo humano, así como tenemos de ciertas guías para hacer reparaciones menores en nuestro coche (por dar un ejemplo), entonces, podríamos estar alerta a cualquier desviación que provoquen fallas en nuestro funcionamiento corporal.

A manera de ejemplo, el problema de obesidad en el mundo, está agravándose cada vez más sin visos de que se puede resolver. No existe formula que pueda predecir esta epidemia. Y la solución estaría en nuestras propias manos si todos manejáramos los mismos conceptos y la información adecuada.

No quiero que se entienda que no necesitamos de los médicos y especialistas ni tampoco de la tecnología actual que esta tan avanzada en la medicina, lo que ha permitido mejorar los niveles de salud; si no que necesitamos alguna herramienta que nos eduque o que nos permita conocernos y que podamos con seguridad poder decidir sobre nuestro cuerpo.

Claro, estamos hablando de la vida, el problema de la salud es un problema de vida y nadie quiere arriesgarla y mucho menos perderla por eso siempre necesitaremos de los especialistas. No se trata de que todos seamos doctores y podamos curarnos a nosotros mismos si no de que tengamos la conciencia de las cosas, acciones o actitudes que pueden poner en riesgo la vida.

Por ejemplo, existe la fórmula del cálculo del índice de masa corporal que es un indicador que me alerta en cuanto estoy alejado de los niveles normales de peso. Pero no existe una fórmula que me diga cuantos gramos de comida necesita mi cuerpo al día para mantener su peso.

Cuando tenemos problemas de salud recurrimos al médico y a veces los tratamientos que recibimos, sentimos, que a pesar que nos resuelven alguna molestia nos crean otra peor. Por ejemplo, existen medicamentos que te controlan la presión arterial, pero a largo plazo te destruyen el sistema nervioso.

Cuando sentimos que no encontramos solución a determinado problema de salud, surgen nuestras dudas y queremos en ese momento ser doctores de nosotros mismos para paliar nuestras dolencias; es allí donde preguntamos a aquellos amigos que talvez han presentado la misma dolencia, para aclararnos las dudas, es allí cuando nos empezamos a informar, es allí donde empezamos a investigar.

Lástima que esto ocurre ya en la edad avanzada del hombre, cuando este se siente sin energía, cuando lo empieza a agobiar la artritis, cuando ya no puede hacer las mismas actividades que hacía en su juventud, cuando ya camina lento, cuando la vida se le está agotando. La energía es vida y nuestro cuerpo la tiene en gran cantidad, pero a esa edad ya no puede procesarla, las células han perdido la capacidad de convertir la glucosa en energía y la poca que se puede generar no es suficiente para realizar actividades que requieran mucho esfuerzo, solamente se genera la cantidad mínima de energía que garantiza la temperatura corporal. Seguro el cuerpo sabe en ese momento que está llegando al fin de su existencia.

Hasta que estamos con alguna dolencia o enfermedad es que te saltan las dudas. Mientras nada te afecta en la vida, nada te hace dirigir una mirada a todos los males que aquejan al mundo. Así es el hombre, así somos las personas, vivimos en nosotros mismos o a lo mejor con nuestras propias necesidades y estamos más enfocados en resolver el día a día que pensar, por ejemplo: ¿porque no puedo bajar de peso?, la solución de ese problema se la dejamos a otros y decimos "yo no tengo el tiempo y no me interesa". A lo mejor la solución está allí, la tenemos a la vuelta de la esquina y solo es falta de que nos informemos, pero claro, como no me afecta no busco la información.

He notado que cuando llegamos ya a la edad en la que nos volvemos ancianos y empiezan a ocurrirnos todas las dolencias propias de esa edad, es que empezamos a preocuparnos por nuestra salud y tratar de entender porque ocurren de esa forma. Es hasta ese momento en que nuestro organismo no está operando como lo hacía 40 años antes, en que empezamos a buscar toda la información que nos permita apaciguar un poco los males que nos puedan estar aquejando. Es hasta ese momento que nos damos cuenta que necesitamos de: vitaminas para fortalecer el sistema inmune, que no podemos comer las raciones de comida como lo hacíamos de jóvenes, que necesitamos comer menos carbohidratos, que la insulina y carbohidratos se transforman en grasas, que si me conviene el ayuno intermitente, que tengo que ejercitarme diariamente porque subimos rápido de peso, etc.

Hablamos entre amigos de la misma edad y ya no hablamos de salir por un trago, no hablamos ni de novias, ni de proyectos; hablamos de hierbas, compuestos o sustancias que nos van a servir para mejorar nuestro metabolismo porque nos hemos dado cuenta hasta ese momento que se ha ralentizado.

Así empecé yo, con mis dudas, estaba en obesidad mórbida y presión alta, creo que llegue a tener fibromialgias, porque llegue a tener un peso de 110 kg y me dolía insoportablemente todo el cuerpo, y es un dolor que no sabes de donde proviene; si de los huesos, si de los músculos, de las articulaciones de rodillas y codos, en la espalda o en los hombros.

Entonces, hice lo que describí anteriormente, empecé a interesarme en los temas de los males que me estaban aquejando, empecé a leer, empecé a investigar. Me propuse estudiar en mí: la obesidad, la presión alta, dolores por artritis, diabetes, fibromialgia y todas las patologías relacionadas a un mal funcionamiento de la flora intestinal; buscando lógicamente la solución a los problemas de salud que en ese momento me estaban aquejando.

Soy profesor de la cátedra de termodinámica y siempre me gustaron los temas de energía, temperatura, calor, eficiencia energética, etc. Y entonces, fue cuando empecé a estudiar al cuerpo humano desde el punto de vista de la termodinámica. Creí que sería algo fácil, al inicio lo que buscaba era si existían ecuaciones que pudiesen predecir la presión alta o la diabetes, pero no encontré nada.

Era algo fascinante al inicio, porque todo era nuevo lo que iba leyendo y a la vez aprendiendo, era algo así como viajar en un mar, pero un mar de información, algo infinito, de nunca acabar, pero siempre con la esperanza de que en cualquier momento encontraría lo que buscaba. A medida que avanzaba en la lectura de todo lo referente al ser humano me di cuenta que con toda la información y estudios que existen, es imposible comprender de una sola vez el comportamiento del mismo. Es tanta la información, que llega un momento en que te saturas, te rendís y claudicas, es imposible conocer por completo el comportamiento del cuerpo humano.

Como mencioné anteriormente, empecé estudiando la presión corporal tratando de encontrar la ecuación necesaria, eso me llevo al tema del metabolismo basal y este a su vez al metabolismo de grasas, carbohidratos y proteínas, a partir de aquí se vinieron otros temas; el ATP y el ADP. Me dedique a leer el ATP (adenosín trifosfato) es la principal molécula implicada en el metabolismo de todos los organismos vivos. El ADP (adenosín difosfato) y el AMP (adenosín monofosfato) se derivan del.... y al final, siempre un tema me llevaba a otro y era algo de nunca terminar.

Pasé 4 años recopilando todo tipo de información, leyendo y analizando todos los temas que involucran al cuerpo humano, tratando de buscar el punto de partida para entenderlo y al final no pude concluir nada y desistí de continuar.

No sé en qué momento ocurrió, pero después de un tiempo de descanso, en una de tantas lecturas encontré un post **"La ley y la trampa del balance energético"** y entre sus argumentos mencionaba lo siguiente: cito.

En éste lo que quería explicar era básicamente la diferencia entre la primera ley de la termodinámica, algo que se cumple siempre, y la teoría del balance energético, el uso de las calorías en la nutrición, que es una fraudulenta interpretación de las implicaciones de esa ley. La ley se cumple siempre, pero carece de utilidad práctica; el balance energético, por el contrario, pretende deducir utilidad, pero lo hace de forma fraudulenta. En definitiva, la conclusión es que hablar de calorías en la nutrición no se deriva de, ni viene avalado por, la primera ley de la termodinámica

La ley se cumple, pero carece de utilidad práctica.

Y continúa.

> De forma gráfica, la primera ley de la termodinámica dice que si acumulas grasa eso desde el punto de vista energético se manifiesta como una diferencia entre la energía ingerida y el gasto energético. Cierto, si no consideramos los cambios en glucógeno o musculatura, pero irrelevante, pues no nos da información sobre cuál es la causa de engordar ni sobre cómo adelgazar. Las leyes de la física no aportan conocimiento útil ni sobre las causas ni sobre las soluciones a la obesidad
>
> La trampa es intentar deducir causas o soluciones a partir de la primera ley de la termodinámica. Eso es una estupidez colosal con cualquier crecimiento en un ser humano, y también lo es con la obesidad. No es discutible: hablar de calorías en la gestión del peso corporal es una burrada. (Desconocido, 2016)

En ese momento comprendí rápidamente que ese era el punto de partida que estaba buscando para el estudio del cuerpo humano.

Y me dije: "no deja de tener razón con estas afirmaciones, será verdad que las leyes de la termodinámica no se pueden aplicar al cuerpo humano? ¿no será que se están aplicando mal?", Y muchas preguntas más.

Y a partir de ese momento decidí estudiar el tema "Balance energético del cuerpo humano", solo así pude enfocarme en este tema que a la vez estaba ligado a la termodinámica, mi especialidad.

No fue tan fácil como parecía, pero al final creo que encontré mucho más de lo que inicialmente estaba buscando y ahora por medio de este libro estoy presentando mis apreciaciones y hallazgos.

Capítulo 3
EL HOMBRE UN SER VIVO QUE EVOLUCIONA Y SE ADAPTA.

La edad de aparición del hombre se estima en unos 8 millones de años. Esto ocurre debido a la separación del homo sapiens de otras primates como el chimpancé. Si contamos con 5000 años de historia no es difícil darse cuenta de que llevamos a cuestas millones de años de evolución.

La evolución es un proceso de transformación que ha ocurrido en todos los seres vivos de este planeta. Es mediante este proceso, que el hombre ha sufrido enormes cambios en la anatomía de sus antepasados para llegar al hombre actual. Cuando se empezó a caminar erguido se fueron adquiriendo otros tipos de cualidades anatómicas con la única finalidad de conservar a la especie. Aún se conservan ciertas cualidades de nuestros ancestros que ahora son inútiles en nuestro organismo como las muelas del juicio, el cóccix, el apéndice y otras más.

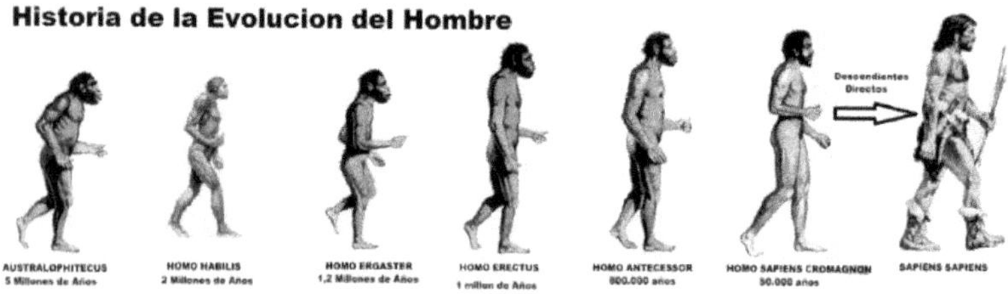

Historia de la Evolucion del Hombre

Fuente 3.1 https://www.areaciencias.com/biologia/evolucion-del-hombre/

Cuando el hombre aun carecía de uso de razón, deambulaba junto a todos los animales y hacia lo mismo que ellos, caminaba largas distancias en busca de alimentos, buscaba refugio ante las inclemencias del clima, luchaba contra otros depredadores para preservar su vida.

También ejercía la función de reproducción, mecanismo mediante el cual los organismos vivos dan origen a otros nuevos organismos. De esta manera, los nuevos seres vivos reemplazan a los que mueren, logran «fabricar copias» de ellos mismos, indispensable para mantener la vida en la tierra. Entonces, el ser humano desde un punto de vista biológico tiene las mismas características de todos los seres vivos.

Desde sus orígenes, el hombre ha interactuado con la temperatura ambiente en la que se ha desarrollado. Lógicamente que el sol apareció primero que el hombre y en esa interacción aprendió de las bondades y riesgos de esa energía aún desconocida para él. Asimiló que con la energía solar al concentrarla podía obtener el fuego; que podía sembrar sus propios cultivos, aprendió a cocinar sus alimentos, etc. Entonces empezó a interactuar, adaptarse y gestionar esta energía.

Podemos decir, que el cuerpo humano está en constante intercambio energético, tanto en lo interno como con el medio que le rodea. En lo interno necesita disponer de fuentes de energía y de un intercambio constante de la misma, de forma que todas las reacciones bioquímicas, trabajo, multiplicación celular, coordinación, etc., cuenten en cada momento con la energía necesaria en el lugar donde la necesita.

3.1 El cuerpo humano la maquina perfecta.

Desde mis tiempos de alumno de secundaria, siempre escuche a los profesores de ciencias naturales, decir que el cuerpo humano es la maquina perfecta.

Desde los inicios de las civilizaciones como tal, siempre fue un misterio cómo funcionaba nuestro organismo. Se requirió de mucho desarrollo en las ciencias naturales para entender el funcionamiento de nuestros órganos, los tejidos, la interacción del sistema nervioso con el cerebro y muchos procesos que involucran a todas las células que conforman nuestro cuerpo.

Tomando en cuenta la importancia de imaginarnos al cuerpo humano como maquina perfecta y con el fin de fortalecer esta idea, he tomado las siguientes descripciones y cito:

> El cuerpo tiene una planta química mucho más compleja que cualquier obra artificial que el hombre haya construido. Esta maquinaria transforma la comida que consumimos en tejido vivo, e induce el crecimiento de la carne, sangre, huesos y dientes; incluso repara el cuerpo cuando las partes son dañadas por accidentes o enfermedades. De este mismo proceso obtenemos la energía para trabajar y hacer cualquier otra actividad física. Nuestro cuerpo está dotado de órganos que ejercen funciones entrelazadas para formar un sistema perfecto. Cada célula de este sistema tiene una misión y un objetivo; el fallo de una de ellas, pueden atrofiar el buen funcionamiento de otras formando una falla en cadena de órganos co-dependientes. En nuestro cuerpo nada es dejado al azar.
>
> Una célula recibe entre **1000** y un millón de lesiones diarias en **su** ADN provocadas por los rayos UV y otros agentes muta génicos. Para reparar este daño, las células disponen de proteínas altamente eficaces que pueden encontrar **1** error entre 15 millones de pares de bases en apenas unos segundos.

Si lo ponemos a gran escala, sería como: recorrer unos **1000 Km**. de autopista, para encontrar un tramo de línea discontinua de un metro. La tecnología que existe hoy en día, no ha fabricado un computador que pueda ejecutar esta operación con tanta precisión y rapidez.

El cerebro, órgano que pesa solo **50** Onzas y en donde se generan o emanan los pensamientos, controlador de los órganos internos y centro motor donde se toman las decisiones, que luego se convertirán en acciones en el mundo exterior está formado por **100** billones de células nerviosas llamadas: "Neuronas" interconectadas a través de trillones de "Sinapsis" (unión entre las células cerebrales). Una neurona puede comunicarse con miles de neuronas casi simultáneamente formando de esta forma, la red de comunicación más grande o el sistema computarizado más inigualable.

De hecho, mientras miramos en este preciso momento, estamos mirando gracias al cerebro. Aunque claro está, el mensaje es procesado por otra estructura maravillosa llamada: "El Ojo Humano" el cual posee células foto sensitivas que nos permiten ver tanto BL/C (Blanco y Negro como a Color). Se considera que la retina del ojo humano posee un total de 126 millones de células foto sensitivas (120 millones de células Rod y 6 millones de células Cones) que nos permiten distinguir 10 millones de colores.

¡Sí, el cuerpo humano es una máquina maravillosa! El hecho de que cualesquiera de estos aparatos existan, demuestra que este cuerpo es producto del trabajo de un diseñador inteligente y talentoso, el mismo Dios Creador. La materia prima o los elementos básicos en nuestro cuerpo pueden ser hallados en el "polvo de la tierra". Sin embargo, estos químicos no se pueden ordenar a sí mismos en tejidos celulares, órganos y sistemas. Esto solo puede ocurrir dictado por una inteligencia que el ser humano es incapaz de entender. ¡Somos más que sustancias que forman nuestro cuerpo! Somos una creación especial de Dios. ¡El hombre es la obra maestra de Dios, la obra de sus manos, la corona de la creación!

Todo eso está sacado de un libro llamado "Conociendo a Dios a través de la ciencia" de Frank Zorrilla. (Zorrilla, 2011)

Otra opinión relacionada con la complejidad del ser humano dice:

A pesar de ser una máquina prodigiosa, el cuerpo humano viene con fecha de expiración y esta varía a partir de muchos factores ambientales y de la edad.

Por mucho tiempo Bill Bryson buscó un título para su libro sobre el cuerpo humano. El más lógico parecía Manual de uso para principiantes, porque explicaba cómo funcionaba cada parte, al igual que las guías que vienen con los electrodomésticos. Finalmente se convenció de que debía titularlo El cuerpo, guía para ocupantes. Y lo explicó en que nadie es dueño de su cuerpo, pues este le pertenece a la evolución. "Nosotros los ocupamos, pero mientras más conozco esta compleja estructura de cócteles químicos, impulsos eléctricos, huesos, piel y colonias de microorganismos menos claro me queda definir eso que cada uno llama yo", dice el también autor del bestseller A short Story of nearly everything.

A pesar de que este órgano parece una torre de control, Bryson afirma que en el cuerpo humano nadie está a cargo. Todo lo que sucede consiste en reacciones químicas a nivel celular y molecular que responden de modo caótico. El resultado no solo es vida, sino "una vida que funciona sorprendentemente bien por muchas décadas", dice.

A pesar de lo anterior, los ocupantes de esta máquina no aprecian hoy todo lo que hace: comen más de lo que toca y hacen menos ejercicio del indicado. En efecto, en el siglo XX la expectativa mundial de vida aumentó mucho más que en los últimos 8.000 años, pero hoy está perdiendo esa ganancia por culpa de las dietas de comida chatarra y el sedentarismo.

Según sus investigaciones, solo ser rico mejora la expectativa de vida. "Una persona de un barrio pobre del Reino Unido morirá 25 años más temprano que el promedio de todo el país", dice. Pero clara que los estadounidenses hoy mueren más jóvenes que los europeos debido a la dieta, la obesidad y a un sistema de salud inequitativo.

A pesar de ser una máquina prodigiosa, el cuerpo humano viene con fecha de expiración y esta varía a partir de muchos factores ambientales y de la edad. El cáncer, para nombrar apenas una de las que más mortalidad genera, es el precio que todos pagan por la evolución. En efecto, si las células no pudieran mutar el ser humano no tendrían tumores, pero tampoco podrían evolucionar. La edad es el principal factor de riesgo para desarrollar este mal, al punto que una persona de 80 años tiene 1.000 veces más posibilidades de tenerlo que un joven de 15 años.

Lo bueno de la edad es que llega con más satisfacción. En esta etapa la gente se siente más feliz que nunca porque percibe que hizo su trabajo, crio a sus hijos y tiene menos ambiciones. "Es una cuestión psicológica y significa que, en cierto modo, el cuerpo le da recompensa por el trabajo que ha hecho para llegar a ese punto.

Algunos de los consejos para vivir más están en manos de otros: los padres. Los primeros 1.000 días después de la concepción son cruciales para el bienestar futuro y el estrés en el útero y en la primera infancia genera una salud miserable de adulto. En manos de cada cual está comer saludablemente y hacer ejercicio. "Una de las peores cosas que puede hacer por su salud es estarse quieto", dice. Mientras más se mueva los huesos producirán más de una hormona que mejora el ánimo, la fertilidad y la memoria. Para promover la longevidad recomienda entablar relaciones sólidas con amigos, pues el contacto social protege el ADN. "El cuerpo es la mejor tecnología que tenemos a la mano y no debemos subestimarla". (SEMANA, 2020)

Una vez que te das cuenta que en su evolución el hombre ha logrado adquirir conciencia, que se ha adaptado a las peores condiciones climáticas, que su organismo regula su temperatura corporal para poder intercambiar calor con el medio ambiente y garantizar la continuidad de la especie; es difícil negarse a aceptar la idea de que el cuerpo humano es una maquina perfecta.

Tampoco lo puedes negar, al darte cuenta de la complejidad y del alto nivel científico y tecnológico hasta hoy alcanzado para poder estudiar y comprender los miles de procesos que ocurren a cada segundo en cada célula para proveer la energía necesaria para mantener: desde la respiración, el funcionamiento del cerebro, hasta el más mínimo movimiento de cualquier parte de nuestro ser.

Pero, no somos una máquina, somos un ser vivo, el ser vivo perfecto.

Somos materia y energía consciente.

3.2 Ramas de la ciencia que estudian el cuerpo humano.

Anteriormente mencionábamos la dificultad de conocer en su totalidad los procesos que ocurren a cada momento en el cuerpo humano.

Con el paso de los años, y debido a muchas enfermedades propias del ser humano, a las epidemias que le acechan y a todo lo concerniente a poner en riesgo la vida; el hombre empezó a preocuparse por conocer su propio cuerpo para poder comprender cuáles son las partes que lo conforman, cuál es su funcionamiento y de qué forma podían sanar cualquier tipo de lesión que esta sufra.

Entonces surgieron las ciencias y sus ramas de estudio cada uno con un área de estudio y objetivos determinados.

Vamos solo a enumerar las ciencias sin entrar en detalles, solo para que el lector se dé cuenta de lo que significa el estudio del ser humano. Cito a continuación.

Las tres principales ciencias son:

1. La anatomía humana
2. la biología
3. La fisiología

La anatomía humana

La anatomía es la ciencia que ese encarga de estudiar el cuerpo humano en sí, es decir, estudia y evalúa las estructuras macroscópicas del cuerpo humano, detallando todas sus características.

Anatómicamente todos los seres humanos son "iguales", no obstante, existen ciertas variaciones genéticas que modifican ciertas característica en los individuos haciéndolos completamente únicos.

Ramas de la anatomía

Anatomía descriptiva: Separa el cuerpo en sistemas. También denominada sistemática.

Anatomía topográfica: Se estudia por divisiones especiales. También llamada regional.

Anatomía quirúrgica: Consiste en el estudio de la estructura y morfología de los tejidos y órganos del cuerpo aplicados a la cirugía.

Anatomía clínica: Mencionada también como aplicada, relaciona diagnóstico con tratamiento.

Anatomía comparada: Compara la anatomía del cuerpo humano con los animales

Anatomía microscópica: Predominio de la utilización de microscopio, llamada también histología.

Anatomía macroscópica: Estudia la forma de las estructuras, no se utiliza microscopio.

Anatomía del desarrollo: Relacionada desde la fertilización hasta el postnatal llamada también Embriología.

Anatomía funcional: Denominada también fisiológica, la cual estudia las funciones de los órganos.

Anatomía de superficie: Utilizada en rehabilitación (kinesiología).

Anatomía de las mediciones: usada en el reconocimiento del cuerpo por sus características y medidas.

Anatomía radiológica: Estudio mediante imágenes.

Anatomía patológica: Estudia el deterioro de los órganos y sistemas.

Anatomía artística: Estudia el arte anatómico.

Anatomía humana: Describe el cuerpo humano.

Ciencias auxiliares de la anatomía

Osteología: Ciencia que estudia los huesos.

Artrología: Ciencia que estudia las articulaciones.

Miología: Estudia los músculos.

Angiología: Estudia los vasos sanguíneos.

Cardiología: Estudia al corazón.

Esplacnología: Se encarga del estudio de las vísceras.

Neurología: Estudia la vía nerviosa y Sistema nervioso central.

Neumología: Estudia las vías respiratorias.

Gastroenterología: Estudia todo lo que abarca el sistema digestivo.

Endocrinología: Estudia las glándulas.

Fisiología humana

A diferencia de la anatomía, la fisiología se encarga de estudiar, más allá de las características de las estructuras, cuál es la función que estas cumplen dentro del cuerpo humano. Esta ciencia es la que se ha encargado de determinar la utilidad exacta que tiene una parte del organismo y cuál es la iteración que esta realiza con las estructuras que la rodean. Es una de las ramas más antiguas de la medicina y surge básicamente de la curiosidad de las personas por conocerse a sí mismos.

Clasificación de la fisiología humana Atendiendo a los diversos tipos de células, órganos y sistemas, podemos distinguir los siguientes:

Sistema integumentario

Fisiología cardíaca

Fisiología de la célula muscular

Fisiología celular

Fisiología del ejercicio

Fisiología del sistema endocrinológico

Fisiología gastrointestinal

Fisiología del gusto

Fisiología muscular

Fisiología de las neuronas

Fisiología del olfato

Fisiología renal

Fisiología de la reproducción

Fisiología respiratoria

Fisiología del tejido sanguíneo

Fisiología vascular

Fisiología de la visión

Neurofisiología

Biología celular.

Con los desarrollos tecnológicos el ser humano pudo comprender a profundidad de que esta hecho su organismo y la rama de la ciencia encargada de obtener estos descubrimientos fue la biología celular, conocida anteriormente como citología. Ahora bien, la biología celular por definición es aquella ciencia encargada de determinar la composición de los tejidos del cuerpo humano, es decir, es la ciencia que se encarga de estudiar a las células y a las moléculas que intervienen en los principales procesos del organismo." (Cuerpo humano.net, s.f.)

3.3 Estructura del ser humano de acuerdo a sus niveles de organización.

El cuerpo humano tiene diferentes niveles estructurales de complejidad creciente. Está compuesto de aparatos y sistemas, que a su vez están formados por órganos. Los órganos están conformados por tejidos, que están formados por células. Las células están formadas por moléculas que están compuestas por átomos.

Nivel atómico y molecular. Los principales elementos químicos que lo forman son: carbono, hidrógeno, oxígeno, nitrógeno, azufre y fósforo.

Nivel celular: El cuerpo humano de un adulto medio contiene alrededor de 38 billones de células (38 x 1012), el 70 % del total corresponde a los glóbulos rojos o hematíes de la sangre.

Nivel tisular. Formado por los diferentes tejidos. Los tejidos son conjuntos de células que se agrupan para realizar determinada función, por ejemplo, el tejido óseo que forma los huesos.

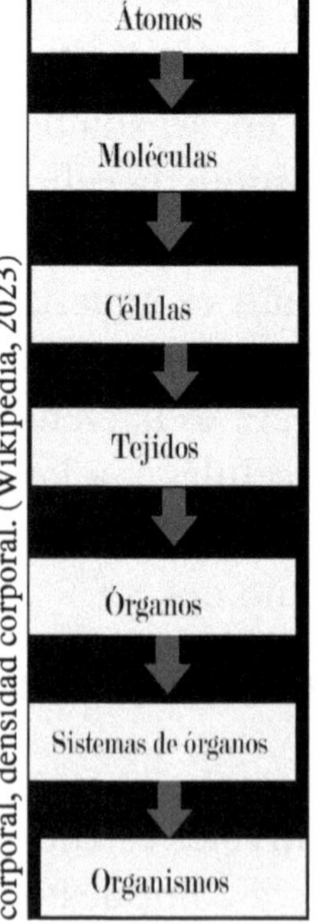

fuente 3.2 Nivel cuerpo íntegro: masa corporal, volumen corporal, densidad corporal. (Wikipedia, 2023)

Nivel de órganos. Los órganos son estructuras que tienen funciones específicas y están formados por varios tipos de tejidos diferentes. Cada órgano tiene una forma diferente adaptada a la función que realiza. Ejemplos de órganos son: corazón, pulmón, estómago, riñón, hígado, bazo, páncreas y glándula tiroides.

Nivel de aparatos y sistemas. Diferentes órganos se agrupan entre sí y desarrollan funciones más complejas, dando lugar a los aparatos y sistemas que están formados por la suma de varios órganos. Algunos ejemplos son: aparato respiratorio, aparato digestivo, sistema urinario humano, aparato circulatorio y sistema nervioso.

3.4 El ser humano como sistema termodinámico.

La primera ley de la termodinámica nos dice que la energía no se crea ni se destruye solo se trasforma. En organismos vivientes las reacciones más frecuentes son irreversibles y no son hechas en condiciones adiabáticas y es por eso que la aplicación de las leyes de la termodinámica se limita bastante.

En sistemas biológicos el proceso de definir las propiedades del "sistema" es más complicado, pero en general podemos decir que los seres vivos no son sistemas en equilibrio, estos organismos son organismos abiertos que intercambian energía y materia con el entorno.

Los animales de sangre calientes (mamíferos y pájaros), mantienen una temperatura corporal central relativamente constantes a pesar de las fluctuaciones de la temperatura ambiental.

Los seres vivos no son sistemas en equilibrio.

El cuerpo humano puede ser considerado como un sistema termodinámico abierto, que debe mantener su temperatura constante de 35,8 a 37,2°C

Por otra parte el cuerpo humano está continuamente intercambiando materia y energía con sus alrededores (metabolismo), consumiendo energía para desarrollar los trabajos internos y externos, y para fabricar moléculas estables (anabolismo) para lo cual necesita alimentarse, ingiriendo moléculas

> de gran energía libre (nutrición) que a partir de determinadas reacciones de combustión dan lugar a productos de menor energía (catabolismo).
>
> El cuerpo humano, tiene la peculiaridad de que su entropía es mínima, por eso es un sistema termodinámico inestable lo que provoca su evolución permanente, o sea la vida misma. Para que el organismo vivo pueda mantenerse en dicho estado es necesario que elimine el exceso de entropía que se produce continuamente inherente a los procesos vitales: circulación de la sangre, respiración etc. (HUMANO, 2017)

Los seres humanos, como todos los seres vivos, somos un sistema abierto, es decir, intercambiamos materia y energía con nuestro entorno. Obtenemos la energía de alimentos y la gastamos al movernos, hablar, caminar y respirar.

Estamos acostumbrados en nuestra vida cotidiana a los intercambios de energía entre objetos calientes y fríos. Todos los intercambios de energía pueden ocurrir entre sólidos, líquidos o gases, y pueden ser descritos por leyes físicas.

En nuestro cuerpo ocurren muchas reacciones metabólicas que generan calor. A veces, debido a enfermedades o actividades físicas extremas, este calor se genera en exceso y debido a que la temperatura corporal debe permanecer constante, es necesario evacuar este calor al ambiente. La diferencia de temperatura corporal y el ambiente genera una disipación de calor de forma permanente, por lo tanto, estos procesos podemos describirlos por dos leyes físicas: la primera y la segunda ley de la termodinámica.

La energía corporal es la fuerza que se requiere para moverse y hacer funcionar el sistema de la forma más eficaz. Capacidad que solo se consigue a través del alimento. Los intercambios de energía que ocurren en nuestro cuerpo cuando caminamos, por ejemplo. Se debe a que estamos utilizando energía química de moléculas complejas, como la glucosa, que se convierte en energía.

Sin embargo, la ciencia actual siempre ha considerado que este proceso químico se hace con eficiencia muy baja, debido a que una gran parte de la energía proveniente de los alimentos simplemente se transforma en calor. Parte del calor mantiene tu cuerpo caliente, pero gran parte se disipa en el ambiente circundante.

3.5 Conceptos de temperatura central, superficial y corporal.

La temperatura normal del cuerpo es 37 °C aproximadamente, pero puede fluctuar según el momento del día o el tipo de método de lectura de la temperatura que se haya utilizado.

Los animales pueden ser clasificados como de sangre caliente (homeotermos) y de sangre fría (poiquilotermos). Los animales de sangre caliente (mamíferos y aves) mantienen una temperatura corporal central relativamente constante, a pesar de las fluctuaciones de la temperatura ambiental. En contraste, los animales de sangre fría (invertebrados, peces, anfibios y reptiles) tienen una temperatura corporal central que baja con el frío y aumenta con el calor. En cualquier caso, tanto los animales homeotermos como los poiquilotermos regulan su temperatura corporal. La diferencia en la regulación de la temperatura entre unos y otros estriba en que los primeros lo hacen en un estrecho margen de variación y los segundos en un amplio margen, que puede llegar hasta varios grados centígrados. Control y regulación de la temperatura corporal | Fisiología humana, 4e | Access Medicina | McGraw Hill Medical. (Teruel, s.f.)

A efectos de entender estos conceptos, el organismo se puede dividir en una parte central y una parte superficial o más en contacto con el medio externo ambiental.

Temperatura central (Tc)

Está constituido por los contenidos de la cabeza, cavidades torácicas y abdominales. La temperatura central permanece relativamente constante y es mantenida constante dentro de límites bastante estrechos.

Temperatura Superficial (Ts)

Está constituida por la piel, el tejido subcutáneo y el grueso de la masa muscular, el promedio de la temperatura de la piel, superficial, aumenta con el incremento de la temperatura ambiental

Temperatura Corporal (Tco)

Es una sumatoria de la temperatura superficial y central (mencionadas anteriormente), las cuales se multiplican por una constante (Tc y Ts respectivamente) que a su vez dependen de la temperatura ambientales.

La temperatura central (representada por las temperaturas oral, rectal, esofágica, membrana del tímpano, hipotalámica o de la sangre al pasar por cualquiera de los órganos de la parte central o nuclear) permanece relativamente constante. Por tanto, la temperatura central es regulada y mantenida constante dentro de límites bastante estrechos.

La temperatura corporal es una suma de la temperatura central y la superficial, multiplicadas por ciertas constantes que, a su vez, dependen de las temperaturas ambientales.

Tco= 0.65Tc + 0.35Ts

*Esto solo se aplica para un medio ambiente considerado como temperatura neutral (28°C) y las contantes son 0.65 y 0.35.

En un medio ambiente frío en valor de la constante seria 0.4 para la Ts y 0.6 para la Tc

Tco=0.6Tc + 0.4Ts

En un medio ambiente de calor, los factores serian de 0.2 y 0.8 para las Ts y Tc

Tco= 0.8Tc + 0.2Ts

En el diagrama que se muestra a continuación, observamos el comportamiento de las temperaturas central y superficial en función del aumento de la temperatura ambiente.

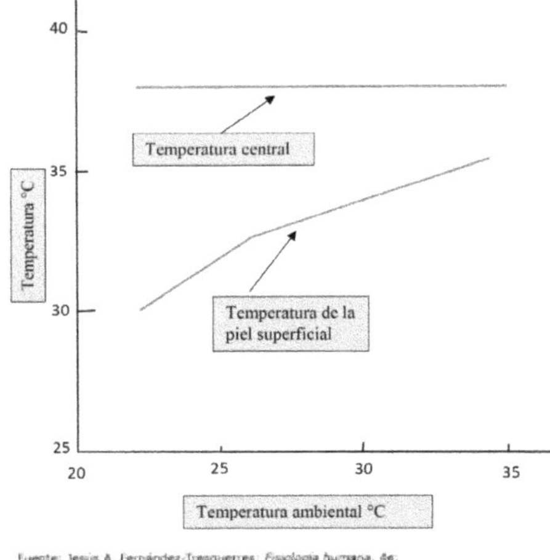

La figura muestra el rango de temperaturas en el que habitualmente fluctúan las temperaturas centrales del organismo humano, lo cual incluye las temperaturas extremas que éste puede soportar antes de sufrir un choque térmico. Durante el

ejercicio físico y el trabajo intenso la temperatura central del organismo puede ascender hasta 39 o 40 °C. Por otra parte, la temperatura central desciende por lo regular de los 37 °C durante el sueño y, por supuesto, puede descender por debajo de 36 °C si el organismo se encuentra expuesto a un frío intenso. En reposo y en un ambiente cómodo durante el día, la temperatura central no varía más allá de 0.5 °C. (Teruel, s.f.)

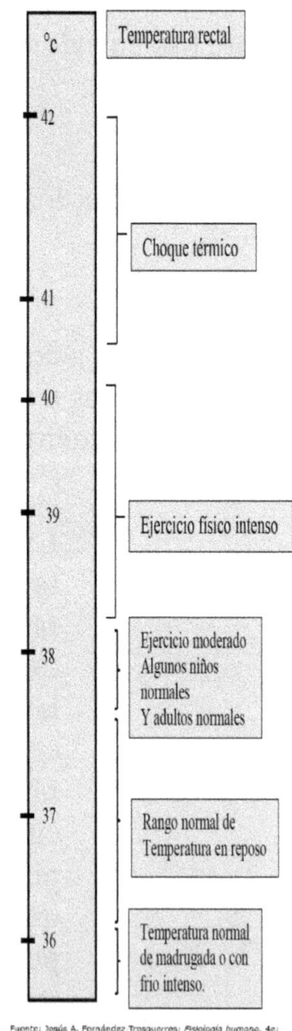

Fuente: Josías A. Fernández-Tresguerres: *Fisiología humana*, 4e: www.accessmedicina.com
Derechos © McGraw-Hill Education. Derechos Reservados.

3.6 Control de temperatura corporal.

El hipotálamo, el cual es una parte del tallo encefálico humano, actúa como termostato de la temperatura corporal. Cuando la temperatura se eleva por encima del límite superior, el hipotálamo acciona mecanismos para bajar la temperatura. De igual manera, acciona mecanismos para elevar la temperatura, si esta desciende demasiado. (TAREAS, 2013)

El cuerpo, como sistema termodinámico, aumenta su contenido en energía interna mediante la ingestión de alimentos de su entorno (metaboliza).

Aproximadamente el 40% de la energía producida, se utiliza para realizar trabajo en forma de contracciones musculares y de actividad celular nerviosa. La energía restante se libera como calor, parte del cual se utiliza para mantener la temperatura corporal. Cuando el cuerpo produce demasiado calor, como en ocasiones sucede cuando se realiza un ejercicio físico intenso, éste disipa el exceso al entorno en forma de radiación, convección y evaporación.

Cuando el hipotálamo percibe que la temperatura corporal se elevó demasiado, éste aumenta la pérdida de calor del cuerpo de dos formas principales. La primera consiste en el incremento del flujo de sangre cerca de la superficie de la piel, lo que permite que aumente el enfriamiento por radiación y convección. En la segunda, el hipotálamo estimula la secreción de sudor de las glándulas sudoríparas, lo cual aumenta el enfriamiento por evaporación.

Cuando la temperatura corporal desciende demasiado, el hipotálamo disminuye el flujo de sangre hacia la superficie de la piel, con lo que disminuye la pérdida de calor. Por otra parte, también acciona pequeñas contracciones involuntarias de los músculos, que cuando se vuelven suficientemente prolongadas, como cuando sentimos escalofríos el cuerpo tirita. Si el cuerpo no es capaz de mantener una temperatura por encima de los 35°C, puede producirse una hipotermia. (TAREAS, 2013)

3.7 Termogénesis y termólisis.

Termogénesis es el proceso de producción de calor en los organismos y ocurre en todos los animales de sangre caliente.

Tipos de Termogénesis (PRO CAPSULAS)

1. Termogénesis obligatoria o metabolismo basal: representa la energía que consume el organismo durante el reposo en reacciones metabólicas esenciales.

2. Termogénesis inducida por los alimentos: Se refiere al aumento de la tasa metabólica que se produce después de la ingestión de alimentos, debido a la diferente composición de cada uno de dichos alimentos.

3. Termogénesis inducida por ejercicio físico: representa el gasto energético inducido por la actividad físico-deportiva.

4. Termogénesis adaptativa: es producida cuando el cuerpo gasta energía debido a una actividad física no voluntaria desencadenada por condiciones

ambientales de frío, o debido a una ingesta excesiva de alimentos.

Termólisis es el proceso de perdida de calor en los organismos.

Son diversos los mecanismos mediante los cuales se pierde calor. Cito

(UNINET) Evaporación: es el mecanismo principal. Cuando la temperatura corporal alcanza un cierto nivel, se suda; al evaporarse el sudor se enfría la piel y este enfriamiento se transmite a los tejidos. Se pierde aproximadamente 1 cal por cada 1.7 ml de sudor. Desafortunadamente, incluso en los casos de máxima eficacia, el sudor solo puede eliminar entre 400-500 cal /h.

El sudor es una solución débil de ClNa y agua, pequeñas cantidades de potasio, urea, trazas de electrolitos y ácido láctico. Tiene un peso específico de 1,002 y un pH que oscila entre 4.2 y 7.5 La concentración de ClNa oscila entre 50 y 100 mEq/l.

Cuando la temperatura ambiental excede a la corporal, el calor se pierde solo por la evaporación asociada al sudor.

El principal mecanismo para disipar el calor es aumentar la sudación. Su mantenimiento requiere la reposición de las pérdidas de líquidos y de iones de Cl y Na. De lo contrario, no sería posible mantener la producción de sudor de forma indefinida.

Si el ejercicio se mantuviera, la producción de sudor disminuiría y se incrementaría la temperatura corporal, al mismo tiempo que se produciría una vasodilatación cutánea, disminución de la volemia, de la Fc, del flujo renal y de la ADH. Este fenómeno se conoce como Fatiga por sudor.

En un ambiente caliente, el calor se gana por el metabolismo, radiación, convección y conducción y solo podrá perderse a través de la evaporación.

Con temperaturas corporales superiores a los 33.5°C se pierde calor corporal por evaporación, por la perspiratio insensible y a través del sudor; éste último mecanismo no se pone en marcha hasta que no se hace necesario enfriar la temperatura corporal (los soldados marchando por el desierto pueden perder 1- 1.5 litros por hora).

A través de la evaporación, el sudor enfría la piel y ésta la sangre, pudiendo perderse hasta 585 calorías por litro de sudor. Si la humedad atmosférica es superior al 60% y la temperatura ambiental por encima de 32°C, el sudor no se evapora, no disipándose el calor. Así pues, la Humedad es un factor fundamental.

Una persona que esté realizando un trabajo pesado (425 cal/h) será incapaz de alcanzar un equilibrio térmico si la humedad relativa es superior al 60% y la temperatura del aire superior a los 32°C ya que el aire no es capaz de absorber suficientes gotas de la superficie corporal que le permitirán disipar el calor.

Después de haber sudado 1 ó 2 litros, aumenta la concentración plasmática de Na y su osmolaridad, apareciendo sed, aunque a partir de esa cantidad la producción de sudor descienda.

Cuando hay sudación, la ingesta de sal es tan importante como la de agua, ya que, con índices elevados y constantes de sudación, pueden perderse diariamente hasta 20g de Na, que deben ser sustituidos.

La producción de sudor es distinta según las diferentes áreas del cuerpo, así, la secreción sudoral del tronco es el 50% de la total, el 25% corresponde a la de los miembros superiores, y el 25% restante a los inferiores. La capacidad de sudoración puede verse retrasada si no se ingiere glucosa ya que está relacionada con la producción de sudor. Así pues, debe tenerse en cuenta, que, en ambientes cálidos, el no dar azúcar (a deportistas, por ejemplo), podría retrasar este mecanismo de termorregulación.

La temperatura de la piel de las mujeres en atmósferas cálidas, es más alta que la del hombre, no empezando a sudar hasta que la temperatura ambiental se eleva a 2°C por encima del umbral que marca la iniciación de la sudoración en el hombre.

Convección: es la transferencia del calor al aire

Conducción: es la transferencia de calor por contacto directo, juega un papel menos importante, debido al efecto aislante del aire.

Radiación: es la trasferencia del calor por ondas electromagnéticas desde una masa sólida a otra. Juega un papel en el acúmulo o pérdida de calor dependiendo de la temperatura de los objetos.

En temperaturas (menores de 33.5°C) el calor se gana por el metabolismo y la radiación solar, existiendo al mismo tiempo flujo de calor desde el cuerpo al medio-ambiente, siendo posible la pérdida de calor, hay más medios que permiten la pérdida de calor que en ambientes calientes.

En situaciones de estrés la producción de calor se incrementa.

3.8 Fuentes energéticas del cuerpo humano.

Los seres humanos requerimos energía para poder vivir. Cualquier actividad que realicemos, caminar, correr, respirar y hasta pensar, requiere de energía para poderse efectuar. Esta se obtiene de los alimentos que, cito: *"una vez ingeridos el aparato digestivo descompone químicamente los nutrientes en partes lo suficientemente pequeñas como para que el cuerpo pueda absorber los nutrientes y usarlos para la energía, crecimiento y reparación de las células". (niddk.nih.gov, 2018)*

Existen tres fuentes energéticas que provienen de la dieta: Los hidratos de carbono, las proteínas y las grasas.

Los hidratos de carbono son la principal fuente energética del organismo. Se descomponen en glucosa, la cual se utiliza para proporcionar energía a las células. El resto se almacena en el hígado. Se pueden encontrar en alimentos como, por ejemplo, la fruta, los lácteos, los arroces, o cereales, entre otros.

Las proteínas son la energía menos usada por el organismo. Se descomponen en aminoácidos que se utilizan para formar músculo y para producir otras proteínas que son esenciales para el funcionamiento del cuerpo. Se pueden encontrar en alimentos como: carne, pescados y mariscos, legumbres, nueces y semillas, huevos, productos lácteos y verduras.

Las grasas que resultan indispensables para un correcto funcionamiento del organismo. Se descomponen en ácidos grasos para formar el revestimiento de las células y producir hormonas. El resto se almacena en las células grasas. Algunos de los alimentos en las que las encontramos son aceites, mantequilla, yemas de huevo, productos animales, etc.

Es importante conocer qué cantidad de energía que aporta cada alimento, ya que cada uno varía según sus componentes, para equilibrar el gasto energético de cada persona, y evitar así el sobrepeso o, por el contrario, la desnutrición.

Para poder calcular la energía necesaria en cada individuo se deben tener muchos factores en cuenta. Entre ellos nos encontramos, con la edad, el sexo, la actividad física realizada, el estado fisiológico, etc.

El valor energético de un alimento se expresa normalmente en kilocalorías (kcal). Aunque «kilocalorías» y «calorías» no son unidades iguales (1 kcal = 1000 cal o 1 caloría grande), en el campo de la nutrición con frecuencia se utilizan como sinónimos, aunque siempre teniendo en cuenta que, si no se expresa lo contrario, al hablar de calorías nos estamos refiriendo a kilocalorías.

Cada alimento provee una cantidad fija de energía al cuerpo:

- Hidratos de carbono: cada gramo de hidrato de carbono aporta 4 Kcal
- Grasas o lípidos: cada gramo de grasa aporta 9 Kcal
- Proteínas: cada gramo de proteína aporta 4 Kcal

Existen recomendaciones relacionadas a la cantidad y tipo de alimento que podemos consumir y mantener el correcto equilibrio energético que permita disfrutar de una buena salud y una mejor calidad de vida. Cito. (Andres Naranjo Cuellar, 2021)

> Existe un balance ideal en la cantidad de cada uno de estos tipos de nutrientes, de tal manera que la proteína debe aportar el 20% de la energía total diaria, la grasa un 30% y los hidratos de carbono el 50% restante, para un 100% total.
>
> En el mundo moderno actual existe un desbalance en esta fórmula 20-30-50, y prácticamente el 60% de la energía se está consumiendo en hidratos de carbono (harinas, arroz, papa, yuca, plátano, avena, pan, dulces, bizcochos, gaseosas, miel), relegando las grasas y las proteínas a un segundo plano. Debido a esto, se están incrementando los niveles de Obesidad, ya que los hidratos de carbono son convertidos por el hígado humano en grasa y se almacenan en todo el cuerpo, tornando obesa la persona, a su vez esta afección causa muchas de las enfermedades actuales.

De acuerdo a los tipos de alimentos, junto a comer una dieta equilibrada y saludable, será esencial para una buena salud y funcionamiento inmunológico normal.

3.9 Balance Energético.

El balance energético está basado en la Ley de la Termodinámica, según la cual, la energía nunca se crea o destruye, sino que se transforma. En el caso del cuerpo humano, la energía almacenada en los alimentos se convierte en energía útil y tiene tres destinos principales: trabajo, calor y almacenamiento.

En forma de ecuación, la primera ley de la termodinámica es,

$$\Delta U = Q + W$$

Ecuación 3-1

Donde:

Q: Energía suministrada al sistema

W: Energía que sale del sistema

ΔU: variación de energía interna debido a los intercambios de energía en forma de Q y W.

Como la temperatura corporal es constante, **$\Delta U = 0$** y la ecuación se reduce a:

$Q = W$ Energía de entrada = Energía que sale

$Q - W = 0$

La ecuación de balance energético ampliamente utilizada quedaría así:

BE=ingesta calorica (IC)-gasto calorico (GC)

Ecuación 3-2

Donde:

BE: balance energético.

La ecuación de BE será igual a cero para una persona cuya ganancia energética, obtenida de los alimentos, sea igual a su pérdida de calor.

BE= 0 *persona en equilibrio energético*

Dado que, si no es difícil, es casi imposible que estemos equilibrados al cien por ciento, la ecuación del balance energético puede ser positiva o negativa:

BE= + es mayor la ingesta calórica que el gasto (ganancia de peso)

BE= – **La ingesta calórica será menor que el gasto (pérdida de peso)**

La ingesta calórica o denominada requerimiento de energía de una persona está relacionado con su gasto energético (GE) y se define como la energía que consume un organismo, está representado por la tasa metabólica basal (TMB), la actividad física (AF) y la termogénesis inducida por la dieta (TID) que es la energía para metabolizar los nutrientes.

La TMB es la mínima cantidad de energía que un organismo requiere para estar vivo y representa del 60-70% del total del gasto energético (TGE), en la mayoría de los adultos sedentarios.

La AF representa entre el 25-75% del TGE y la TID representa cerca del 10% del TGE. (Vargas, 2010)

Si un individuo está en balance térmico , la ganancia es igual a la perdida de calor.

Para que la temperatura corporal central se mantenga relativamente constante, es necesario que exista un balance entre la ganancia y la perdida de calor entre el cuerpo humano y su medio externo.

El organismo produce una determinada cantidad de calor en el proceso catabólico que produce la energía y pierde igualmente una determinada cantidad de calor por los mecanismos de radiación, convección y evaporación, mientras que los factores externos que determinan la perdida de calor son la temperatura, la humedad del aire, la velocidad de las corrientes de aire y la temperatura de los objetos que están alrededor.

Considerando todas las formas de energía que interaccionan con el cuerpo humano, la ecuación general del balance energético será : $Mb \pm R \pm C \pm K - E = 0$

Ecuación 3-3

en donde:

Mb=CALOR producto del metabolismo (kcal/m2/h)
R= CALOR por Radiación (kcal/m2/h)
C= CALOR por Convección (Kcal/m2/h)
K= CALOR por Conducción (kcal/m2/h)
E= CALOR por Evaporación o sudoración (Kcal/m2/h)

3.10 Cambios en el contenido de calor del organismo

En situaciones en que no existe balance térmico, por ejemplo, cuando la temperatura corporal asciende o desciende, el organismo gana o pierde calor almacenado, los cambios en el contenido o almacén de calor del organismo se pueden calcular:

$Q_s = 0.83 * m * (T_1 - T_2)$

Ecuación 3.4 calor sensible

En donde:

Qs: Calor sensible del organismo.

0.83= constante referida al calor especifico de los tejidos corporales (Unidades: kcal/kg °C)

m= Peso corporal en Kg

T_1 y T_2 = Temperatura al comienzo y al final de un periodo de tiempo dado.

Capítulo 4
METABOLISMO COMO FUNCIÓN DEL PESO Y LA ALTURA

En el capítulo anterior indicamos que la tasa metabólica comprende el calor corporal que se genera internamente y se debe considerar en la ecuación de equilibrio energético según la primera ley de termodinámica.

$$Mb \pm R \pm C \pm K - E = 0$$

Ecuación 3-4

en donde:

Mb= calor producto del metabolismo (kcal/m2/h)

R= calor por Radiación (kcal/m2/h)

C= Calor por Convección (Kcal/m2/h)

K= Calor por Conducción (kcal/m2/h)

E= Calor por Evaporación o sudoración (Kcal/m2/h).

Normalmente, cuando nos referimos a metabolismo, equivocadamente la relacionamos con obesidad o a la dificultad de todas las personas para bajar de peso.

Al calor producto del metabolismo se le denomina tasa metabólica basal. Y según definición de (ERGODINAMICA, s.f.)

> Hablamos de Tasa metabólica basal (TMB) como la cantidad mínima de energía que una persona necesita, en estado de reposo, para llevar a cabo aquellas funciones vitales necesarias para el correcto funcionamiento del organismo, como son: el latir del corazón, la respiración o la regulación de la temperatura corporal.

Otras definiciones:

1. "Cambios químicos que se presentan en una célula u organismo. Estos cambios producen la energía y los materiales que las células y los organismos necesitan para crecer, reproducirse y mantenerse sanos. El metabolismo también ayuda a eliminar sustancias tóxicas." (INUBA, 2023)
2. "El metabolismo es el conjunto de reacciones químicas que tienen lugar en las células del cuerpo para convertir los alimentos en energía. Nuestro cuerpo necesita esta energía para todo lo que hacemos, desde movernos hasta pensar o crecer". (CANCER, 2016)

4.1 Factores que afectan la TMB.

Además de los factores que se tienen en cuenta en las ecuaciones: peso, edad y altura corporal, existen otros factores que afectan al valor final de nuestra tasa metabólica basal:

Genética.

Ejercicio: la cantidad de ejercicio afecta a la tasa metabólica basal especialmente cuando este está relacionado con la ganancia de masa muscular.

Temperatura corporal: el metabolismo basal aumenta de forma lineal conforme al aumento de la temperatura corporal. Cuanto más alta sea la temperatura (por ejemplo, cuando tenemos fiebre), mayor será la demanda de energía y, por tanto, aumenta nuestra TMB.

Temperatura del ambiente: en temperaturas más frías, su cuerpo necesita generar más calor para conservar su temperatura adecuada. Esto conduce a un aumento en la tasa metabólica basal.

Hormonas: las hormonas son sustancias sintetizadas por nuestro cuerpo que regulan las funciones de otros órganos y tejidos. Esta síntesis se lleva a cabo en diferentes glándulas como la glándula tiroides. Las hormonas excretadas por esta glándula son responsables de regular el metabolismo; aumentándolo (hipertiroidismo) o disminuyéndolo hipotiroidismo).

Embarazo: durante esta etapa aumenta hasta un 30% el metabolismo basal en las mujeres debido a las demandas de energía propias y del feto.

Otros factores que pueden modificar el metabolismo basal:

Consumo de determinados medicamentos: agonistas adrenérgicos, sedantes...

Enfermedades: cáncer, insuficiencia cardíaca congestiva, insuficiencia suprarrenal...

Situaciones de estrés fisiológico: quemaduras, cirugías, etc.

Inmovilidad. (INUBA, 2023)

4.2 Utilidad de la tasa metabólica basal

Conocer la tasa metabólica basal nos permite conocer las necesidades calóricas del cuerpo para realizar las funciones básicas. Para ello debemos tener en cuenta:

1. Estimar requerimientos energéticos individuales

El metabolismo basal corresponde al 60-75% del gasto energético diario, que a su vez está condicionado por el estilo de vida y los niveles de actividad. Además, nuestra composición corporal también va a afectar al metabolismo basal: a mayor masa muscular, mayor número de calorías quemadas.

2. Evaluación de la función tiroidea

Valores bajos de la tasa metabólica basal pueden estar asociados a hipotiroidismo, mientras que valores altos pueden reflejar tirotoxicosis. La TMB normal oscila entre un 15 % negativo y un 5 % positivo; la mayoría de los pacientes hipertiroideos tienen una TMB positiva del 20% o mejor y los pacientes hipotiroideos suelen tener una TMB negativa del 20 % o menos.

3. Estabilizar la pérdida de peso.

4. planificación nutricional en deportistas. (INUBA, 2023)

4.3 Calculo de la tasa metabólica basal por la calorimetría.

Cuando se trata de explicar el destino del gasto energético, englobará cantidad de energía requerida para el mantenimiento en reposo, la actividad física y el movimiento, y para la digestión, absorción y transporte de los alimentos. Es un proceso que podemos estimar midiendo la cantidad de oxígeno que consumimos. Comemos, digerimos, absorbemos, circulamos, almacenamos, transferimos energía, quemamos la energía y luego repetimos, en un bucle infinito. (Hernandez, 2018)

> Basándose en la 1ª Ley de la Termodinámica “la energía no se puede crear ni destruir” y en que “la oxidación de los alimentos es la principal fuente de energía para los seres vivos”, se inició la búsqueda de instrumentos que puedan medir el calor generado por un ser viviente en situaciones de reposo o actividad física. (Sanchez, Revistanutricionclinicametabolismo.org, 2020)

La calorimetría es la parte de la física que se encarga de la medición del calor en una reacción química o un cambio de estado. Mide el gasto energético o consumo de energía de un individuo.

Calorimetría directa

Consiste en colocar a la persona dentro de una cámara aislada y sellada, donde se cuantifica el calor generado por el individuo a través de los cambios de temperatura del aire y el agua que ingresan y salen de la cámara.

MEDICIÓN CALORIMÉTRICA DIRECTA

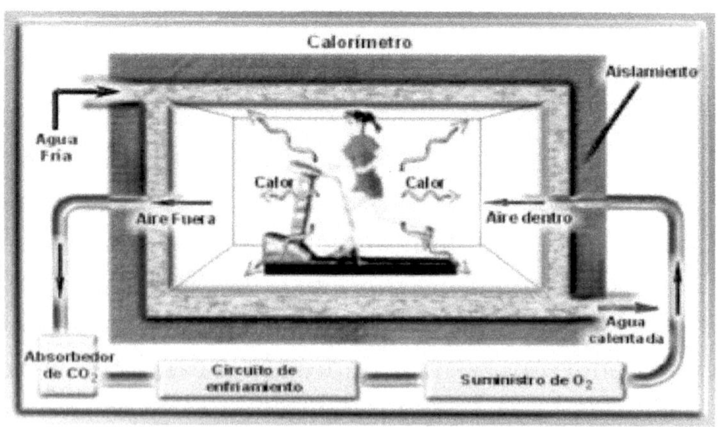

Cámara de Atwater, mide calor producido por un humano, exactitud 0.1 %

Figure 4-1

"Lamentablemente, es un método costoso, que requiere un equipo complejo y no es práctico, en el caso de pacientes en estado crítico, por lo que en la actualidad su principal uso es en investigación". (Sanchez, revistanutricionclinicametabolismo, 2020)

Calorimetría indirecta.

La calorimetría indirecta es considerada como el estándar por excelencia para la medición del gasto energético. Esta contiene la capacidad única de cuantificar el calor producido por el metabolismo aeróbico y anaeróbico, mediante la comparación del intercambio de calor entre el cuerpo y el medio ambiente.

La combustión de los nutrientes consume una cantidad de oxígeno proporcional a la cantidad de energía liberada en forma de calor. La estimación del consumo de oxígeno se hace por diferencia de volúmenes o bien con instrumental que cuantifica directamente, tanto el oxígeno (O2) consumido, como el anhídrido carbónico (CO2) producido.

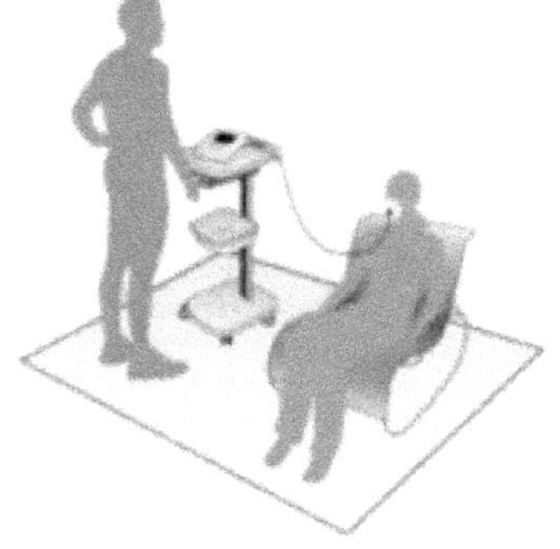

Fuente 4-2 https://dieteticaynutricionweb.wordpress.com/2017/02/16/calorimetria/

A continuación, ofrecemos cuáles son los casos en los que está indicada una calorimetría indirecta teniendo en cuenta dos factores. (ityos, 2022).

En cuanto a mejora composición corporal y patologías:

Tratamiento frente a la obesidad y el sobrepeso.

Cáncer para mejorar estado mitocondrial y evitar caquexia.

Fatiga adrenal.

Procesos inflamatorios de bajo grado.

Patologías tiroideas clínicas y subclínicas.

Diabetes tipo 1 y 2.

Mesetas en la mejora de la composición corporal (masa magra/grasa)

Pérdida de peso con origen incierto.

Embarazo y lactancia.

Crecimiento y desarrollo.

Sarcopenia en adulto.

En cuanto a la actividad física y deportiva:

Adecuación de la composición corporal y eficiencia en status energético.

Confección de un plan alimentario adecuado al desgaste energético.

Rehabilitación mitocondrial y flexibilidad metabólica para la utilización de sustratos energéticos dependiendo de la disciplina deportiva.

¿Qué determina la calorimetría indirecta?

> La calorimetría indirecta determina el gasto energético en reposo de una persona. En otras palabras, se encarga de informar acerca de las calorías que gasta una persona en su organismo en una situación de reposo. Como consecuencia de este funcionamiento, también orienta sobre el metabolismo basal, para determinar si sus "mitocondrias" que son nuestras pequeñas fábricas de energía son eficientes a la hora de proporcionarnos energía. (ityos, 2022)

A través de la calorimetría se mide secuencialmente el consumo de oxígeno y la producción de dióxido de carbono (CO_2) que nuestro cuerpo utiliza en reposo, lo que nos permite estimar nuestro metabolismo basal.

> Este procedimiento toma como referencia el hecho de que quemar 1 caloría requiere aproximadamente 208 mililitros de oxígeno. Así pues, analizando la cantidad de oxígeno espirado y la cantidad de dióxido de carbono producido, podemos conocer el gasto total energético que una persona necesita para realizar las funciones vitales. A este proceso se le denomina tasa de intercambio respiratorio.

> Un correcto análisis de la TMB requiere una medición precisa del volumen de aire expirado y de las concentraciones de oxígeno en el aire inspirado y exhalado. Todo el aire exhalado es recolectado y analizado en estado de reposo durante un periodo de 60 minutos mediante tecnologías equipadas con sensores que miden la concentración de oxígeno. Gracias a este análisis, podemos conocer la diferencia entre el consumo de oxigeno VO2 y el dióxido de carbono. (INUBA, 2023)

"La calorimetría indirecta a pesar de los resultados contradictorios de algunos ensayos clínicos randomizados y controlados, continúa siendo una herramienta útil, confiable y accesible para el manejo nutricional de los pacientes en estado crítico". (Sanchez, Revistanutricionclinicametabolismo.org, 2020)

4.4 Formulas para estimar el metabolismo basal.

Se han desarrollado diferentes ecuaciones que nos permiten estimar de forma sencilla nuestra tasa metabólica basal. Estas toman en consideración el peso, la altura y la edad de la persona.

> La fórmula de Harris-Benedict se determinó en 1918 y todavía se usa asiduamente para evaluar la TMB (Tasa de Metabolismo Basal) de individuos sanos debido a su alta precisión. Con esta fórmula se evalúan la TMB de individuos normales y sanos de ambos sexos y edades diferentes. (soypowerlifter).

Durante más de 70 años se ha utilizado la ecuación de Harris-Benedict (1919) para calcular la tasa metabólica basal, y siempre ha sido considerada la mejor fórmula disponible. Cito (INUBA, 2023) "El problema con la fórmula de Harris-Benedict es que tiende a sobreestimar el gasto energético basal, especialmente en individuos con sobrepeso u obesidad".

Las ecuaciones originales de Harris-Benedict publicados en 1918 y 1919

Hombres TMB = 66.4730 + (13.7516 x peso en kg) + (5.0033 x altura en cm) - (6.7550 x edad en años)

Mujeres TMB = 655.0955 + (9.5634 x peso en kg) + (1.8449 x altura en cm) - (4.6756 x edad en años)

Estas ecuaciones están tabuladas para valores de peso entre 25 y 124.9 kg, estatura entre 151 y 200 cm, y edad entre 21 y 70 años.

Una versión más simple con un error muy pequeño son las siguientes ecuaciones:

Hombres TMB = 66.5 + (13.8 x peso en kg) + (5 x altura en cm) - (6.8 x edad en años)

Mujeres TMB = 655 + (9.6 x peso en kg) + (1.85 x altura en cm) - (4.7 x edad en años)

Las ecuaciones de Harris-Benedict revisadas por Roza y Shizgal en 1984:2

Hombres TMB = 88.3620 + (13.3970 x peso en kg) + (4.7990 x altura en cm) - (5.6770 x edad en años)

Mujeres TMB = 447.5930 + (9.2470 x peso en kg) + (3.0980 x altura en cm) - (4.33 x edad en años)

Una versión más simple con un error muy pequeño son las siguientes ecuaciones:

Hombres TMB = 88 + (13.4 x peso en kg) + (4.8 x altura en cm) - (5.7 x edad en años)

Mujeres TMB = 448 + (9.3 x peso en kg) + (3.1 x altura en cm) - (4.3 x edad en años)

"Más tarde, se remplazó la fórmula de Harris-Benedict por otras fórmulas con mayor precisión. La más utilizada y precisa es la fórmula de Mifflin St Jeor (1990), recomendada por la Academia de Nutrición y Dietética de Estados Unidos". (INUBA, 2023)

Fórmula Mifflin St Jeor para calcular el metabolismo basal

TMB Mujeres (kcal/día) = 10 * peso(kg) + 6.25 * altura(cm) – 5 * edad + (-161)

Ejemplo (Mujer 42 años, 60 kg, 154 cm) = 1192 kcal/día

TMB Hombres (kcal/día) = 10 * peso(kg) + 6.25 * altura(cm) – 5 * edad + 5

Ejemplo (Hombre 27 años, 90 kg, 180 cm) = 1895 kcal/día

Fórmula rápida para calcular la TMB (INUBA, 2023).

$$TMB = 24 * peso\ (kg)$$

Ecuación 4-1

En el inciso 3.1 de este capítulo se indicaron los factores que varían el metabolismo basal y entre ellos está la temperatura corporal y la temperatura ambiental. A pesar de que la temperatura incide mucho en el comportamiento del cuerpo humano, **no se encontró ninguna ecuación que relacionara el metabolismo basal con la temperatura corporal,** mediante la cual se pudiese determinar el calor disipado.

Capítulo 5
PRIMERA LEY Y EL CUERPO HUMANO

La termodinámica se define como “la ciencia de la energía”.

Como la energía es un concepto difícil de definir de forma precisa, podemos decir que “la termodinámica es la ciencia que estudia las características e interacciones entre el calor y el trabajo y la relación con las sustancias que intervienen en estas”.

El calor y el trabajo son dos formas de energía, pero energía en tránsito, es decir que ocurren cuando se dan interacciones de un cuerpo a otro. La principal diferencia entre ambas es la forma en la que se transfieren.

El calor se transfiere entre dos cuerpos que tienen diferente temperatura.

El trabajo se transfiere cuando entre dos cuerpos se realizan fuerzas que provocan desplazamientos o cambios dimensionales.

El calor y el trabajo son energía en transición, el calor se transfiere por una diferencia de temperatura. Mientras que el trabajo se transfiere a través de un vínculo mecánico, por el cambio de volumen o el levantamiento de un peso.

Para realizar un análisis desde el punto de vista de energía necesitamos definir el sistema de estudio. A este se le conoce como “sistema termodinámico”.

Cito (**Planas, ENERGIA SOLAR, 2020**)

Un sistema termodinámico es una parte del universo físico con un límite específico para la observación. Este límite puede estar definido por paredes reales o imaginarias. Un sistema contiene lo que se llama un objeto de estudio. Un objeto de estudio es una sustancia con una gran cantidad de moléculas o átomos. Este objeto está formado por un volumen geométrico de dimensiones macroscópicas sometidas a condiciones experimentales controladas.

Desde la termodinámica se analizan los siguientes tipos de sistemas:

Sistema abierto

Un sistema está abierto si permite un flujo con el entorno externo a través de su límite. El intercambio puede ser energía (calor, trabajo, etc) o materia.

Un ejemplo de un sistema abierto es una piscina llena de agua. En la piscina el agua puede entrar o salir de la piscina y puede calentarse mediante un sistema de calefacción y refrigeración por viento. (Planas, ENERGIA SOLAR, 2020)

El ser humano también es un sistema abierto ya que requiere materia (alimentos) para subsistir, produce desechos al ambiente e intercambia energía con su medio externo.

Sistema cerrado

En termodinámica, un sistema cerrado permite un flujo de energía con el entorno exterior, a través de su frontera, (por medio de calor y / o trabajo y / u otra forma de energía), pero no de masa.

Un ejemplo es un cilindro mantenido cerrado por una válvula, que puede calentar o enfriar, pero no pierde masa (mientras que el mismo cilindro se comporta como un sistema abierto si abrimos la válvula).

Sistema aislado

Se dice que un sistema está aislado si:

No permite el intercambio de materia con el entorno exterior.

No permite la transferencia de energía con el entorno externo. (Planas, ENERGIA SOLAR, 2020)

Un sistema termodinámico puede experimentar transformaciones internas e intercambia energía y/o materia con el entorno externo.

Ningún sistema posee calor ni trabajo. Pero si tiene energía interna.

Gracias a los experimentos se demostró que el calor y el trabajo mecánico podían convertirse directamente entre sí, manteniendo su valor general constante.

Pero que sucede cuando se intercambia calor y trabajo con un sistema termodinámico, no podemos decir que dicho sistema ahora tiene más calor o tiene más trabajo. Porque el calor y el trabajo ya se definieron como energía en tránsito y no podemos decir que esta suma total es el contenido de calor que ahora tiene el sistema. Siguiendo la lógica anterior, podríamos ahora agregar más calor al sistema y algo tiene que variar en él, a la variación de esta propiedad del sistema se la llamo “energía interna”, que es la propiedad que garantiza la conservación de los intercambios de energía entre los sistemas.

5.1 El primer principio de la termodinámica.

En base a lo expresado anteriormente, podemos afirmar, que la entrada de calor a un sistema más el trabajo efectuado sobre dicho sistema aumentan su energía interna. La energía interna puede variar de dos formas, ya sea, que le suministremos calor o aplicándole trabajo

> En una máquina de vapor, por ejemplo, la entrada de calor aumenta la energía mecánica del pistón. Del mismo modo, el trabajo realizado en un sistema puede tener efectos distintos al aumento de la energía mecánica.
>
> Al frotarnos las manos en un día frío, por ejemplo, el trabajo que hacemos aumenta la energía interna de la piel de las manos lo que, en este caso, se traduce en un aumento de la temperatura. (Lopez, 2017)

Una ley general de conservación de la energía debe incluir la transferencia de energía como trabajo y la transferencia energía como calor. Además, debe incluir el cambio en la energía total del sistema.

Primera ley para un sistema cerrado:

Consideremos un sistema termodinámico que intercambia calor y w con el medio externo. Ver: Figure 5-1 Figure 5-2

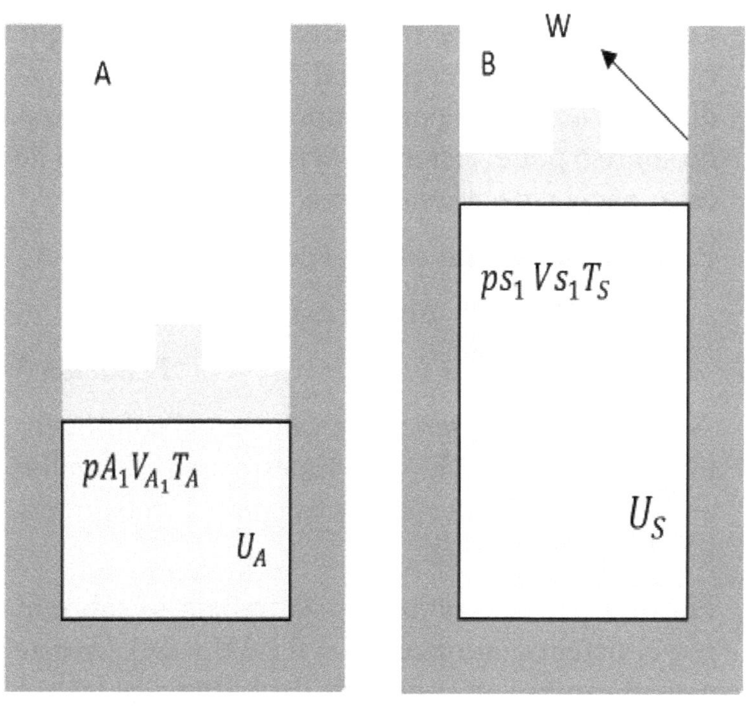

Figure 5-1 *Figure 5-2*

$Q = W + (U_S - U_A)$

W= realizado por el gas

$W>0$

Q absorbido por el gas

$Q>0$

Formalmente, llamemos W al trabajo realizado sobre o por el sistema (como el cilindro). Si el trabajo lo realiza el sistema, diremos que W es positivo; si el trabajo se realiza sobre el sistema, diremos que W es negativo. De forma similar, llamemos ΔQ a la transferencia neta de calor hacia o desde el sistema. Si la transferencia neta de calor es hacia el sistema, ΔQ será positiva; si la transferencia neta sale del sistema, ΔQ será negativa. (Lopez, 2017)

Ya lo tenemos todo para enunciar la primera ley de la termodinámica:

La primera ley de la termodinámica establece que el cambio en la energía total de un sistema cerrado, ΔE, viene dado por la suma del trabajo realizado sobre o por el sistema y la transferencia neta de calor hacia o desde el sistema.

Primera ley para un sistema cerrado:

$$\Delta E\text{-}W+\Delta Q$$

Ecuación 5-1

Si no hay transferencia de calor en absoluto, entonces $\Delta Q = 0$, y $\Delta E = W$. En este caso, el cambio en la energía de un sistema es igual al trabajo realizado sobre o por él.

Por otra parte, si no se realiza trabajo ni sobre ni por el sistema, entonces $W = 0$ y $\Delta E = \Delta Q$. En este caso el cambio en la energía del sistema es igual a la transferencia neta de calor.

Esta ecuación tan sencilla es de una utilidad tremenda. Pero, si bien hemos enunciado la primera ley, aún queda un misterio por resolver, que es la estructura de esa energía interna de la que, de momento, solo sabemos que en algunos casos está relacionada con la temperatura y cómo se relaciona con la energía total del sistema. (Lopez, 2017)

En un sistema aislado, esto es, un sistema que no intercambia materia ni energía con su entorno, la energía total debe permanecer constante.

Primera ley para un sistema abierto:

En el caso de un sistema abierto, significa que tiene interacciones externas y que pueden ser en forma de energía o masa. La ecuación es la siguiente:

$$Q - W + \sum_{in} m_{in}\left(h + \frac{1}{2}V^2 + gz\right)in_- \sum_{out} m_{out}(h + \frac{1}{2}V^2 + gz)out = \Delta U_{sistemas}$$

Ecuación 5-2

El primer principio de la termodinámica dictamina que la materia y la energía no se pueden crear ni destruir, sino que se transforman, y establece el sentido (solo cambiando su signo) en el que se produce dicha transformación.

5.2 El primer principio de la termodinámica y el cuerpo humano.

Considerando que la persona humana es un sistema complejo, un ser que tiene conciencia en sí mismo y que puede autorregularse hasta ciertos límites, no es difícil darse cuenta que, para realizar sus propios procesos, requiere de energía, además que intercambia energía con el medio (ambiente o entorno) en que interacciona.

La termodinámica estudia conceptos de energía y trabajo. Estudia los procesos de transferencia de calor y de equilibrio térmico.

Desde un punto de vista macroscópico de la materia, se estudia cómo esta reacciona a cambios en su volumen, presión y temperatura, entre otras magnitudes.

La primera ley de la termodinámica estudia los conceptos de calor, trabajo, energía interna y todo lo relacionado con los intercambios energéticos entre los sistemas.

El cuerpo humano intercambia energía con su medio, porque siempre estará en desequilibrio con el mismo.

El uso más común de la termodinámica para estudiar al cuerpo humano y que se ha prevalecido durante muchos años es el famoso Balance Energético.

> De acuerdo a (Moreiras, s.f.) Este balance energético (BE) o equilibrio energético se refiere "simplemente" a que debemos ingerir la misma cantidad de energía que gastamos. Conocer el concepto de BE y aplicarlo a nuestras vidas es quizá el factor más importante para mantener una buena salud y tratar de prevenir la obesidad.
>
> Sin embargo, la teoría no es sencilla aplicarla ya que, por un lado, en este siglo XXI desconocemos todavía en gran medida lo que comemos, en definitiva, nuestra dieta. Y ésta es cada vez más compleja, con una enorme variedad de productos en el mercado, que varían en tamaño, presentación, olor, color, textura, etc., lo que dificulta sin duda controlar adecuadamente este lado de la balanza, la ingesta. Pero, además, en el otro lado, el correspondiente al gasto energético, aún es peor conocido y hay muy escasa información en la cuantificación adecuada del mismo. Debe recordarse, además, que no debemos estudiar aisladamente los componentes del balance energético, sino de manera integrada, y como interaccionan uno sobre el otro. (Moreiras, s.f.)

También con la termodinámica nos auxiliamos para el cálculo de los diferentes tipos de intercambios de calor entre el hombre y el ambiente:

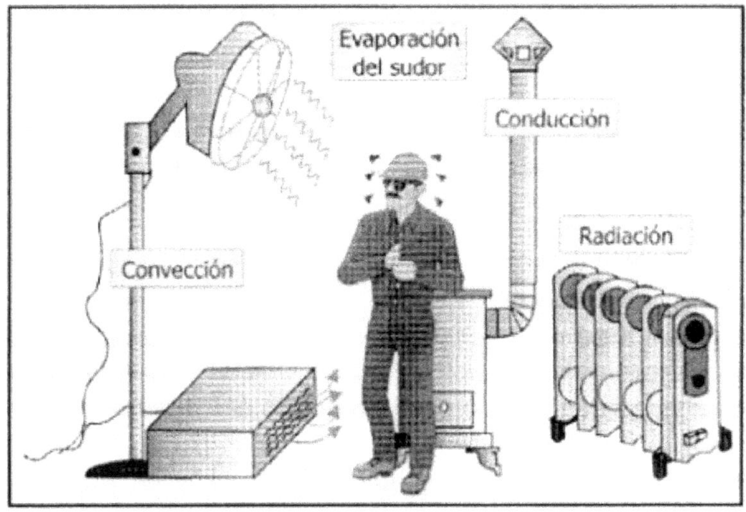

Figure 5.3

El calor de Radiación:

El intercambio de calor se produce entre el individuo y los objetos que lo rodean, debido a que todos los cuerpos, en función de su temperatura, emiten radiación infrarroja en mayor o menor cantidad. El aire no interviene en este caso. La variable ambiental que determina el intercambio de calor por radiación es la temperatura radiante media de los objetos del entorno. Si temperatura de la piel es mayor que la temperatura radiante media, se pierde calor; si, por el contrario, la temperatura de la piel es menor se gana calor.

El calor de convección:

El intercambio de calor ocurre entre el cuerpo y el aire que le rodea. Tiene lugar principalmente a través de la piel, pero también en las vías respiratorias. Los factores ambientales de los que depende la convección son la temperatura del aire y la velocidad del aire. Cuando la temperatura de la piel es mayor que la temperatura del aire, se pierde calor; cuando la temperatura de la piel es menor que la del aire, se gana calor. Cualquiera que sea el sentido del flujo de calor, desde el individuo al medio o viceversa, el intercambio de calor se ve favorecido a medida que aumenta la velocidad del aire.

Calor de conducción:

El intercambio de calor sucede entre los cuerpos en contacto, con lo que el sentido del flujo de calor depende de la temperatura de la piel y de la temperatura superficial de los objetos. Este fenómeno apenas tiene importancia en el ámbito laboral, ya que normalmente las superficies calientes o frías de las herramientas o útiles de trabajo suelen estar aisladas, o los trabajadores llevan equipos de protección individual en las manos y/o los pies, que son las partes del cuerpo que pueden estar en contacto con las superficies frías o calientes.

Calor latente de sudoración

Es un mecanismo por el que el organismo, mojado, pierde calor exclusivamente, es decir, el flujo de calor va desde él al ambiente y no a la inversa. Normalmente tiene lugar a través de la evaporación del sudor. El fenómeno físico que hace que se pierda calor a través de la evaporación del sudor es el cambio de estado del agua del sudor a vapor. El agua necesita calor para pasar a la fase de vapor y se lo quita a la piel. Las variables ambientales de las que depende la evaporación del sudor son la velocidad del aire y la humedad del aire. Cuanto mayor sea la humedad del aire menor será la evaporación del sudor y menor la refrigeración de la piel y viceversa. La evaporación se favorece al aumentar la velocidad del aire. (SatirNet Safety, 2015)

Calor sensible por incremento de temperatura.

El calor sensible es aquel que recibe un cuerpo o un objeto y hace que aumente su temperatura sin afectar su estructura molecular y por lo tanto su estado. La cantidad de calor necesaria para calentar (o enfriar) un cuerpo, es directamente proporcional a la masa de este y a la diferencia de temperaturas.

La constante de proporcionalidad es lo que llamamos calor específico o, dicho de otro modo, el calor específico de una sustancia puede definirse como la cantidad de calor que hace falta suministrar a la unidad de masa (1 kg) de dicha sustancia para elevar su temperatura 1 grado.

Se habrá de tener en cuenta que, el calor específico de cada sustancia es distinto, y este también varía según su temperatura por lo que, no se requerirá la misma energía para subir en 1°C la temperatura de un 1kg de cobre que de un 1kg de aluminio. (S&P, 2019)

Calor del metabolismo.

El calor producto del metabolismo no se calcula utilizando las leyes de termodinámica. Este se deduce de las fórmulas basadas en el peso, la altura y la edad. Ver capítulo 4.

El metabolismo del cuerpo humano es energía que no se calcula valiéndose de las leyes de la termodinámica.

Considerando que este es el propósito de este libro, vamos a calcularlo con los conceptos de energía, entropía y propiedades termodinámicas del cuerpo humano.

5.3 Metabolismo basal y la primera ley de la termodinámica.

Según definición, el metabolismo basal es la energía que una persona necesita estando en reposo. También la podemos expresar como la energía mínima que el cuerpo necesita día a día, para mantener el correcto funcionamiento de todos los procesos vitales del organismo o, mejor dicho, para continuar viviendo.

Quiero aclarar que el análisis se hará desde el punto de vista macroscópico de la termodinámica, es decir, que no se ha tenido en cuenta la naturaleza molecular de la materia.

Considerando al cuerpo humano como un ser vivo que intercambia materia y energía con su medio externo, podemos considerarlo para su estudio como un sistema abierto.

La **Ecuación 5-2** para un sistema abierto en un intervalo de tiempo es:

$$Q + W + \sum_{in} m_{in}\left(h + \frac{1}{2}V^2 + gz\right)in - \sum_{out} m_{out}(h + \frac{1}{2}V^2 + gz)out = \Delta U_{sistemas}$$

Los componentes de la ecuación anterior se explican a continuación:

El calor Q del cuerpo humano lo componen: calor de radiación, calor de convección, calor de termogénesis de los alimentos, calor por la sudoración y el calor generado durante el metabolismo basal.

$$Q = Qrad + Qconv + Qtermogenesis + Q\,sudor + MB$$

Ecuación 5-3

W = corresponde a todas las actividades que realiza la persona ejemplos: correr, nadar, trabajar etc.

El factor (mihi – mehe) será la diferencia de energía entre el alimento consumido y los desechos excretados. Ver formula a continuación.

$$\sum_{in} m_{in}\left(h+\frac{1}{2}V^2+gz\right)in - \sum_{out} m_{out}(h+\frac{1}{2}V^2+gz)out$$

Ecuación 5-4

El factor ΔU sistema= m2u2 – m1u1. Corresponde a la variación de energía del sistema (la persona).

Como se indicó anteriormente el metabolismo basal es el valor mínimo de energía para subsistir, por ello para determinar su valor debemos hacer las siguientes consideraciones:

1. W=0: la persona está en reposo total.
2. (mihi –mehe) = 0 no hay variación de energía por la alimentación. Ayuno total.
3. Qrad= 0 Qconv =0 Qterm= 0 Qsudor=0 por no existir interacción con su medio externo.
4. Q = MB

por lo tanto, la ecuación de la Primera ley de la termodinámica se reduce a lo siguiente:

$$MB=(m_2u_2 - m_1u_1)$$

Ecuación 5-5

Como la energía interna U es constante la ecuación resulta:

$$MB=\Delta m\ U = (m2- m1)\ U$$

Ecuación 5-6

De acuerdo a la ecuación anterior podemos observar que el metabolismo basal es función directa de la variación de masa del cuerpo humano multiplicado por su energía interna U.

Esta ecuación tiene un significado muy importante, ya que establece que el gasto energético del metabolismo basal, lleva implícito siempre un gasto de masa corporal.

El efecto del metabolismo basal de acuerdo a la primera ley, trae como consecuencia una variación de masa en el cuerpo humano. Para una persona en ayuno esta variación significaría una reducción de masa corporal.

Bien sabemos que el metabolismo cambia a lo largo del día. Todas las actividades del organismo (para mantener la salud, el crecimiento y un nivel apropiado de actividad física), requieren un determinado gasto energético, que es compensado por los alimentos y bebidas de la dieta. Debido a esta compensación diaria de la alimentación es que el cuerpo está utilizando la energía de fácil disponibilidad sin tener que recurrir a las reservas energéticas corporales.

Si el cuerpo se mantiene en equilibrio energético, el ajuste entre la energía ingerida y el gasto energético diario será nulo y se evitarán grandes variaciones en el peso a lo largo del tiempo.

Solamente en condiciones de reposo o de largos periodos sin ingerir alimentos, es que el organismo obtiene su energía fundamentalmente por oxidación de grasas con un bajo consumo de hidratos de carbono y es en este momento que depende de sus propios depósitos o reservas energéticas, lo que traería como consecuencia una reducción de su masa corporal.

Capítulo 6
METABOLISMO BASAL DEFINICIÓN TERMODINÁMICA.

Durante períodos de restricción energética, se desencadenan una serie de adaptaciones hormonales y metabólicas que afectan al gasto energético, minimizando así el efecto de un estado energético deficiente y la consiguiente pérdida de peso.

En un ayuno prolongado (una huelga de hambre) se obligará al cuerpo a la utilización de las reservas de glucógeno y grasa corporal lo cual tendrá un efecto importante en los primeros días en la apariencia de pérdida de peso. Ya que en las primeras fases de cualquier dieta las reservas de glucógeno son agotadas, hasta conseguir la depleción de un tercio de las reservas de glucógeno en los tres primeros días de una dieta baja en carbohidratos y baja en calorías.

En situaciones de ayuno o restricción calórica, el organismo depende de sus propios depósitos energéticos. Así, en periodos de ayuno de 12-18 horas, el organismo utiliza inicialmente la glucosa y los ácidos grasos circulantes en la sangre, así como el glucógeno hepático y muscular.

Posteriormente, si el ayuno se prolonga, el organismo obtiene energía a partir de los aminoácidos, que se utilizan directamente como substratos energéticos. Una utilización prolongada de lípidos como fuente energética conduce a la aparición de cuerpos cetónicos con una reducción en la utilización de la glucosa.

El concepto de metabolismo basal engloba a aquel gasto energético destinado al mantenimiento de las funciones vitales como puede ser la actividad cardiorrespiratoria, la excreción, el mantenimiento de la temperatura corporal, el mantenimiento del tono muscular, etc.

En un adulto medio de 70kg con 20% de grasa corporal (14kg), las reservas de energía pueden llegar a las 167.000 kcal de energía, de las cuales 2.000kcal son en forma de carbohidratos o glucógeno muscular y hepático, 40.000 kcal en forma de proteínas y 125.000kcal como grasa.

Existen casos extremos de huelga de hambre, como el de un hombre perdió el 40% de su peso corporal inicial (75 kg) y murió tras 63 días de rechazar la alimentación, su peso al morir fue de tan sólo 36,4 kg, con un índice de masa corporal de 12,3 kg/m2.

Un ayuno súper restrictivo como el de la huelga de hambre es un buen parámetro para la medición del metabolismo basal.

Durante el ayuno el cuerpo va a depender de las reservas de energía mientras se mantenga esta condición. Las reservas de energía será la masa corporal.

Como la energía interna especifica del cuerpo humano es constante dado que la temperatura corporal también es constante la ecuación del metabolismo será:

$$MB = \Delta m . U$$

De esta ecuación se deduce que la energía necesaria para el metabolismo estará en proporción a la variación de su masa.

Dado que en este proceso la masa disminuida se convierte en energía térmica, y que, si no es imposible es difícil calcular la energía interna del cuerpo, podemos afirmar que la masa (kg) da la energía (kcal) mientras el cuerpo permanezca en reposo.

De acuerdo a este proceso metabólico podemos hacer una analogía con el principio de "equivalencia masa-energía" que es la relación entre masa y energía en el marco de reposo de un sistema, donde los dos valores difieren solo por una constante y las unidades de medida. El principio es descrito por la famosa fórmula del físico Albert Einstein.

$$E=mc^2$$

Ecuación 6-1

Significa que un cambio de masa observado es equivalente a un cambio de energía, y viceversa.

$$E = m$$

> El principio de equivalencia implica que cuando se pierde energía en reacciones químicas, reacciones nucleares y otras transformaciones de energía, el sistema también perderá una cantidad correspondiente de masa. La energía y la masa se pueden liberar al medio ambiente como energía radiante, como luz, o como energía térmica. El principio es fundamental para muchos campos de la física, incluida la física nuclear y de partículas. (Academia Lab, 2023)
>
> Cabe notar que en la física moderna la masa y la energía pueden considerarse idénticas. Cualquier ecuación en la cual aparezcan dos magnitudes ligadas por una constante universal, puede inter-

> pretarse legítimamente como la identidad entre dichas magnitudes, ya que la constante universal puede igualarse a la unidad por un cambio de unidades. Esto es especialmente claro en el caso de la Relatividad. (Wikipedia, 2023)

De la ecuación 5.6 se deduce que el metabolismo basal es función de la variación de masa del cuerpo.

La ecuación de la primera ley de termodinámica para el metabolismo basal del ser humano puede escribirse:

$$MB = \Delta m\ U = (m_2 - m_1)U$$

De esta ecuación se deduce que el calor generado en el metabolismo basal es producto de la variación de la masa corporal multiplicado por su energía interna.

Enunciado de la primera ley de la termodinámica:

El metabolismo basal es la fracción de masa del cuerpo humano que se convierte en energía.

Hasta aquí hemos definido lo que es el metabolismo basal desde el punto de vista macroscópico de la termodinámica.

Tanto Δm como **U** son incógnitas en la ecuación, estas dos variables han sido la limitante principal para poder utilizar las ecuaciones de balance energético en la forma correcta.

El valor de U del cuerpo humano a lo mejor es imposible de conocer y el valor de Δm si podemos determinarlo midiendo el peso corporal antes y después del tiempo de estudio que se desee.

Conociendo el valor de U podríamos conocer el comportamiento o variación del peso corporal utilizando la ecuación de la primera ley de la termodinámica aplicada al cuerpo humano.

Los valores de Δm tanto de como de **U** servirían para el monitoreo y control de la masa corporal en el tiempo. Lo que ayudará en el futuro a que se pueda prevenir la obesidad y por tanto disminuir todas las patologías relacionadas con esta enfermedad.

Capítulo 7
ENERGÍA INTERNA INCÓGNITA O ENIGMA.

En el capítulo 6 se determinó que el metabolismo basal hace disminuir la masa del cuerpo humano en proporción a su energía U consumida y que esta energía aun es desconocida y es difícil de calcular.

Entonces, ¿qué es la energía interna del cuerpo humano? ¿como se calcula?

¿No se puede calcular el metabolismo basal desde la primera ley por la falta del valor de la energía?

> La energía interna (U) se define: (DOC PLAYER, 2019) como la suma de todas las energías que poseen las partículas que conforman un cuerpo. Se refiere a la energía microscópica en la escala atómica y molecular que se puede modificar mediante transferencias de energía ya sea en forma de trabajo o mediante calor.

El cambio en la energía interna de un cuerpo se estima mediante la Primera Ley de la Termodinámica.

> Cuando una cantidad de calor es suministrado a un cuerpo, la energía interna del mismo es el resultado de la energía cinética de las moléculas o átomos que lo constituyen, de sus energías de rotación, traslación y vibración, además de la energía potencial intermolecular debida a las fuerzas de tipo gravitatorio, electromagnético y nuclear. La energía interna corresponde a la suma de todas las energías que poseen las partículas que conforman a un cuerpo y es una función de estado, es decir

que cuando cambia de tal forma que un cuerpo o sistema pasa de un estado a otro, la variación sólo depende del estado inicial y del estado final. (DOC PLAYER, 2019)

La energía interna es la agitación térmica de las partículas que componen un sistema.

Un detalle interesante de la energía interna, es que no es posible cuantificarla con precisión para un sistema o cuerpo determinado. Esto es por todo el tipo de energías que la conforman y que se presentan a niveles microscópicos. Lo que sí es posible determinar es su variación, de ahí que en el modelo matemático de la primera ley de la termodinámica se presente como ΔU y no simplemente U. (DOC PLAYER, 2019)

La energía interna, de acuerdo al Primer Principio de la Termodinámica, se entiende como aquella vinculada con el movimiento aleatorio de las partículas dentro de un sistema. Por ejemplo: hervir agua, agitar un líquido, comprimir un gas, el vapor del agua. Se distingue de la energía ordenada de los sistemas macroscópicos, asociada a los objetos en movimiento, en que refiere a la energía contenida por los objetos en una escala microscópica y molecular.

Así, un objeto puede hallarse en completo reposo y carecer de una energía aparente (ni potencial, ni cinética), y sin embargo ser un hervidero de moléculas en movimiento, desplazándose a altas velocidades por segundo. De hecho, estas moléculas estarán atrayéndose y repeliéndose entre sí dependiendo de sus condiciones químicas y de factores microscópicos, a pesar de que a simple vista no haya movimiento alguno observable.

La energía interna se considera una magnitud extensiva, es decir, relacionada con la cantidad de materia en un sistema de partículas determinado. Pues comprende la totalidad de otras formas de energía eléctrica, cinética, química y potencial contenida en los átomos de una sustancia determinada. (ejemplos.co, 2022)

7.1 Energía interna del cuerpo humano incógnita en la ecuación de la primera ley de termodinámica.

La termodinámica ha hecho posible entender cómo funciona la energía interna a través de sus cambios. En este sentido, la energía interna propiamente dicha no se puede medir, sin embargo, se pueden medir los cambios de la energía interna de un sistema.

Estos cambios se pueden cuantificar por medio de la variación de la energía interna, energía lumínica o cualquier tipo de energía que sale del sistema que se desea medir.

Así, existen dos premisas fundamentales que nos ayudan a entender cómo funcionan los cambios de energía interna en la materia.

1. Cuando un sistema hace trabajo o emite energía hacia su exterior en forma de cualquier tipo de energía, su energía interna disminuye.

2. Cuando un sistema recibe trabajo o energía en forma de calor. En estos casos, su energía interna se incrementa. (ConceptoABC., 2022)

Veamos ahora la relación que esto tiene con el cuerpo humano.

> A diario nuestro organismo necesita realizar funciones vitales como respirar, hacer latir el corazón y mantener la temperatura corporal constante. También se requiere energía para poder realizar las labores diarias como caminar, dormir, hacer ejercicio, trabajar, jugar y demás actividades. (DOC PLAYER, 2019)

Para que nuestro cuerpo funcione necesitamos energía que se obtiene al ingerir alimentos y bebidas.

De acuerdo a la ecuación del balance energético, si el gasto energético es menor que la ingesta de energía que se obtiene de los alimentos, el exceso de energía deberá acumularse de alguna forma en el cuerpo con el consiguiente aumento de peso.

BE= ingesta calórica (IC) – gasto calórico (GC).

Si, por el contrario, las actividades cotidianas requieren más energía de la que consumimos de los alimentos, entonces el cuerpo comenzará a utilizar energía de sus reservas. Es decir, utilizará parte de su propia energía interna para poder llevar a cabo estas labores y por lo tanto ocurrirá una pérdida de peso corporal. La grasa corporal forma parte de este tipo de reservas.

El cuerpo humano disipa parte de su energía como calor metabólico hacia el ambiente para lograr mantener la temperatura corporal constante en 36.7 °C. En otras palabras, la ganancia de calor interna del cuerpo debe ser equivalente al calor que se pierde al exterior.

Al estar en interacción con el medio ambiente, el cuerpo humano puede ganar o perder calor, todo en dependencia de la temperatura del medio externo. Si el medio externo tiene una temperatura de 18 °C el cuerpo cederá calor, y, al contrario, si el medio externo tiene una temperatura de 36 °C, el cuerpo ya no tendrá pérdidas de calor del todo.

En base a lo anterior, podemos decir que la intensidad de la pérdida o ganancia de calor dependerá en gran medida de las condiciones ambientales particulares.

¿Podríamos entonces determinar la energía interna U del cuerpo humano?

La palabra incógnita o incógnito, se refiere a "algo desconocido que se desea descubrir'; en matemáticas, 'valor, número o cantidad que es necesario encontrar' o determinar en una ecuación o en un problema a resolver'.

Enigma es el dicho o cosa que no se alcanza a comprender o es difícil de entender o interpretar, es como un misterio, algo que si no es imposible es difícil de descubrir. Se caracteriza por ser ambiguo o metafórico.

Para efectos de nuestro estudio vamos a considerarla como una incógnita dado que es parte de una ecuación (primer ley de la termodinámica) que tiene una incógnita, por lo que tendremos que buscar otra ecuación que tenga todas sus variables ya definidas y a su vez estén relacionadas con la variable incógnita.

Con la ecuación de la segunda ley de la termodinámica trataremos de encontrar esta variable, sabiendo a priori que para que un proceso se pueda efectuar en la naturaleza debe cumplir con ambas leyes al mismo tiempo.

Capítulo 8
TEMPERATURA Y METABOLISMO

El metabolismo basal es la energía mínima que día a día el cuerpo necesita para vivir, o dicho de otra manera la energía que el cuerpo gasta para garantizar todos sus procesos que le permiten vivir.

Todos estamos familiarizados con el concepto de metabolismo, pero cuando pensamos en ello, lo que se nos viene a la mente es: dificultad de perder peso, procesos químicos en el organismo, desequilibrios entre la composición corporal (porcentaje de grasa y masa magra), cansancio, mala nutrición, obesidad y todas las consecuencias de enfermedades crónicas como la diabetes, síndrome de intestino irritable y hasta cáncer. Entonces culpamos al metabolismo lento (definición que se le ha dado a la causa de todos los males) de muchos desequilibrios que el organismo pueda tener y además le agregamos los cambios en la edad, dietas o falta de ejercicio.

El Sr Frank Suarez (Suarez, 2008) define el metabolismo como "*La suma de todos los movimientos, acciones y cambios que ocurren en el cuerpo para convertir los alimentos y los nutrientes en energía para vivir*" y en su libro "El Poder del Metabolismo" hace una serie de recomendaciones que ayudan a todas las personas a mantener su metabolismo en perfectas condiciones. Pienso que todas estas recomendaciones son correctas, dado que están fundamentadas en la práctica diaria con miles de persona que padecen muchas condiciones extraordinarias en su salud.

A veces hay otras causas que son inherentes a la persona y que inciden en el metabolismo lento.

Hipotiroidismo: se convierte en una de las causas más comunes. Si la glándula tiroides no funciona correctamente (glándula que regula tanto el metabolismo como el gasto calórico) causa la aparición de un metabolismo lento, y consecuentemente la aparición de sobrepeso. La solución pasa por tomar la medicación que nos haya prescrito nuestro médico, dado que se trata de una situación médica re vertible, y que luego permite normalizar el metabolismo.

Intolerancias y alergias alimentarias: son causas que generalmente se desconocen. Pero lo cierto es que este tipo de intolerancias y alergias causan una mala digestión de los alimentos, causando un metabolismo lento.

Otras causas no orgánicas: también existen otras causas, consideradas como no orgánicas, que pueden provocar la aparición de un metabolismo lento. Las más comunes pasan por comer demasiado rápido, no practicar ejercicio físico y beber poquísima o nada de agua. (perez, 2022)

8.1 Temperatura corporal como función metabólica.

En su libro el Sr Frank Suarez (Suarez, 2008) dice y cito El metabolismo es un grupo de movimientos. Los movimientos utilizan energía y producen calor. Mientras más movimiento exista mayor calor habrá; mientras menos movimiento exista más frio habrá. Obsérvese que si usted carga en sus brazos a un bebe recién nacido siempre lo senti-

> rá calientito por la gran cantidad de movimientos que existen en su joven cuerpo. El metabolismo de un bebe recién nacido siempre es rápido y por eso se siente bien calientito. Por el contrario, observe que la temperatura de una persona ya anciana se sentirá siempre más fría al tacto. Esto se debe a que la persona anciana ya ha perdido una parte de su metabolismo por la edad y su cuerpo se va poniendo cada vez más frio y más lento. (pág. 69)

En la cita anterior claramente se evidencia una pequeña explicación del efecto que tiene la temperatura corporal con el metabolismo. Entonces cabe hacerse la siguiente pregunta: ¿si la temperatura influye en el metabolismo basal porque no se toma en cuenta en las ecuaciones que la calculan?

Existen distintos tipos de razas o personas, que se diferencian ya sea por: la forma de los ojos, el peso, su altura, color de piel, tamaño del cráneo y hasta color de pelo. Pero hay una característica que es común a todos y es que todos los seres humanos tenemos la misma temperatura.

Si todas las características varían excepto la temperatura, significa que todos necesitamos de esta propiedad termodinámica en iguales condiciones para interactuar con nuestro medio exterior.

A manera de ejemplo: si colocamos a dos personas una obesa y una delgada por mucho tiempo en un ambiente extremadamente frio, al final los dos van a morir independientemente de sus características físicas, al medio externo no le importa color, peso, ni tamaño, simplemente sus cuerpos no fueron capaces de mantener su temperatura en 37°C.

A la larga el más obeso hubiese dilatado más tiempo con vida por tener mayor energía acumulada.

Quizás el ejemplo anterior suene un poco grotesco para el lector, pero es allí en las condiciones más difíciles donde se ha garantizado la supervivencia de la humanidad.

Una característica que es común a todos los seres humanos es que tenemos la misma temperatura.

Veámoslo de otra manera, cuando los atletas realizan deportes extremos ellos necesitan una cantidad de energía para poder desarrollarlo, esas calorías necesarias las tiene que generar el mismo organismo, lo que inevitablemente tendrá como resultado que la temperatura corporal empiece a elevarse.

El cuerpo empezara a sudar para compensar ese calor excedente, pero si ni con ese desprendimiento de calor logra bajar la temperatura corporal ésta podría llegar a aumentar hasta 39°C. Al cuerpo no le quedará más opción que sentirse cansado y dejará de moverse, porque sabe que temperaturas corporales que exceden el valor de 37.5 °C son perjudiciales para su funcionamiento y por ende se pone en peligro la vida del atleta. Podría reanudarse el ejercicio cuando el cuerpo haya descansado lo suficiente, es decir, haya regulado su temperatura a su valor normal.

No existe actividad alguna en la persona que no implique un cambio de temperatura corporal. La energía del metabolismo basal le garantiza la temperatura mínima de existencia que es de 37 °C.

La palabra metabolismo está directamente ligada a la de temperatura corporal, no puede hablarse de una independiente de la otra. Si el cuerpo está a 36.5 °C, significa que ese valor le garantiza la energía mínima para su existencia. Esa energía es el metabolismo basal. A partir de allí toda actividad o factor que distorsionen el funcionamiento corporal provocaran variación de temperatura, incrementándola. Si el cuerpo requiere energía para actividades extremas el metabolismo se incrementará provocando un aumento en la temperatura corporal. Cuando ha cesado el movimiento o actividad corporal, el metabolismo disminuirá y el cuerpo se enfriará hasta su temperatura normal. Por eso las unidades del metabolismo son unidades de energía kcal/día, energía que estamos cediendo ininterrumpidamente.

No hay segundo, hora, minuto o día en el que dejemos por un momento de ceder energía, dejar de hacerlo significa la muerte. Somos como un sol en pequeña escala que siempre esta emanando calor de su superficie, somos como la luz "que solo existe si viaja, no existe luz estática" existimos si estamos en movimiento.

El cuerpo humano tiene una inmensa reserva de energía en la grasa acumulada. Por ejemplo 15 kilos de grasa son equivalentes a 135000 kcal. Si una persona promedio gasta en su metabolismo 1500 kcal/día, esta persona tiene para sobrevivir comiendo lo mínimo 135000kcal/1500 kcal/día = 90 días. Aquí cabe ya enfatizar que el cuerpo empieza a utilizar sus reservas energéticas, a convertir su masa en energía, a comerse a sí mismo.

Esto es lo que ocurriría en una condición de una persona en huelga de hambre. Entonces si esta persona no está comiendo, su cuerpo no está procesando alimentos, no gasta energía en otras actividades, solamente está tomando energía de su propia masa con el fin de garantizar la temperatura corporal y por ende la vida.

La función del metabolismo es mantener la temperatura corporal constante y esta es el equilibrio entre el calor generado por el cuerpo y el que pierde.

La actividad metabólica está estrechamente relacionada con la temperatura corporal: A temperaturas bajas las reacciones que dependen de la temperatura se ralentizan A temperaturas altas, se dan altas tasas metabólicas que pueden ocasionar daño celular.

8.2 Temperatura corporal y equilibrio térmico.

El cuerpo humano debe mantener una temperatura estable, somos organismos endotérmicos, es decir, que nuestro cuerpo genera calor constantemente (calor metabólico) y necesita transferir al ambiente el calor en exceso. La ventaja de mantener una temperatura constante se debe a que garantiza las funciones corporales independiente de las variaciones de temperatura que se puedan dar en el medio externo. Una persona puede generar hasta 100 watt de calor por hora que es una cantidad exageradamente grande que lo obliga a estar perdiendo calor para que no se incremente su temperatura interna.

El cuerpo cuenta con mecanismos de termorregulación para conservar el equilibrio térmico. Pero estos mecanismos no tienen mucho margen de operación que puedan garantizar de forma indefinida la estabilidad del equilibrio térmico.

A modo de ejemplo: si la temperatura requerida por el cuerpo está en el rango de 36.5 – 37 °C y se expone a una temperatura ambiental de 45 °C en época de verano, su estabilidad no estará garantizada porque en ese instante empezará a absorber calor del medio externo y al mismo tiempo el cuerpo no podrá disipar el calor producto de su metabolismo. Ante esta condición, se activará la respuesta fisiológica normal que es el sudor corporal. Pero si las condiciones externas de altas temperaturas no cambian y la persona continúa más tiempo expuesta lo que le ocurrirá es que se agotará el proceso de sudoración y entrará en proceso de deshidratación. Aunque el cuerpo se esfuerce aún más ya no estará en condiciones de disipar el calor y al final la temperatura corporal aumentará inevitablemente conllevando a la muerte del individuo. Este proceso es común verlo en países que tienen grandes zonas desérticas y las condiciones de abastecerse de agua son mínimas. El aumento de 1°C de temperatura es condición suficiente para que el cuerpo se ponga en alerta y se inicie la transpiración.

En ciertas condiciones de esfuerzo y calor, la pérdida de líquidos por sudoración puede ser de más de un litro por hora. Hay condiciones en las que la producción de sudor puede alcanzar de 4 a 6 litros en un día de trabajo.

Por tanto, mediante mecanismos de autorregulación, el cuerpo humano puede resistir condiciones excesivas de fríos y calor.

Tenemos experiencias de estas condiciones en la vida diaria:

Migrantes que caminan en el desierto sometidos a altas temperaturas.

Alpinistas que soportan frio intenso.

Experimentos crueles de personas sometidas a temperaturas de -30 °C y que logran sobrevivir 30min.

A pesar de la inclemencia del ambiente, el ser humano se ha adaptado a vivir en estos ambientes en diversos lugares del mundo, pero para ello ha tenido que hacer adaptaciones en su alimentación, vestimenta, y cambios en sus viviendas; sin embargo, el cuerpo tiene límites de tolerancia que el ambiente puede rebasar.

Aunque el organismo tenga sus mecanismos de regulación térmica, a la larga están limitadas a una variación de temperatura de 1°C.

Las funciones metabólicas están diseñadas para garantizar la vida humana, pero al final cuando ya es imposible mantener las regulaciones de equilibrio permitidas el cuerpo humano se regirá por las leyes de la termodinámica.

8.3 Factores que hacen variar la temperatura corporal.

Hay muchos factores que hacen que el equilibrio corporal se pierda y todos son provocados por aumentos en la temperatura. No daremos explicación de cada fenómeno que hace aumentar la temperatura corporal porque no es el fin de este libro, en la Web podrán encontrar mucha información relacionada a cada tema.

A continuación, una lista de factores que hacen variar la temperatura corporal:

- Estrés
- Embarazo.
- Fiebre

- Algunos Fármacos.
- Comidas.
- Temperatura ambiente.
- Deporte de cualquier tipo.
- Enfermedades como cáncer.
- Los virus.
- La segunda fase del ciclo menstrual
- Calambres por calor.
- Sincope por calor
- El volumen corporal

Mediante distintos mecanismos (conducción, convección, radiación y evaporación) nuestro cuerpo va ganando o perdiendo calor, según las circunstancias. Además, los procesos químicos regulados por el hipotálamo completan este reajuste de temperatura.

No podemos dejar de mencionar que el agua corporal es un elemento primordial en el mantenimiento de la temperatura ideal de nuestro cuerpo. El sudor que se evapora tiene un efecto de refrigeración en el cuerpo. Un gramo de sudor de la piel equivale a quemar 0.58 calorías generadas del metabolismo. Sin sudoración, la temperatura corporal aumentaría a un ritmo aproximado de 1 °C cada 6 o 7 min.

Al cambiar el metabolismo por las variaciones de temperatura corporal puede traer graves consecuencias en nuestro organismo.

> Una persona de buena salud de acuerdo a su metabolismo basal normal puede llegar a tener pérdidas de agua de entre 700 - 1000 ml al día, y tienen su causa en fenómenos de convección y evaporación.

a) Pérdidas Cutáneas: Estas pérdidas se producen por CONVECCIÓN, no hablamos de sudor. La convección consiste en una transferencia de calor entre dos zonas con diferentes temperaturas por medio de un fluido (bien sea líquido o gas), así pues, el aire caliente asciende y el frío desciende reemplazándolo, una vez éste es calentado y, en consecuencia, ganado humedad (agua), asciende para ser reemplazado por aire más frío. De esta manera se suele perder un 12% de calor, la tela de la ropa contribuye disminuyendo este porcentaje. Mediante pérdidas cutáneas las pérdidas de líquidos diarios representan 300--400ml. En grandes quemados con la lesión de la capa córnea de la piel, puede incrementarse a 3--5 litros diarios.

b) Pérdidas Pulmonares: Se producen por la EVAPORACION, debido al calentamiento del aire que entra en el sistema respiratorio, es saturado con agua y se expulsa al exterior en la espiración. Son unos 400ml/día. Influye la temperatura del aire respirado, cuando más frío mayor pérdida, por una menor presión del aire frío.

Es el caso de la fiebre, taquipnea, sudoración o pacientes intubados. La presencia de estas situaciones incrementa las pérdidas insensibles basales. El cálculo de las pérdidas insensibles basales (cutáneas y pulmonares) se realiza mediante la fórmula 0.5ml/kg/horas del balance. (elenfermerodelpendiente, 2017)

Pueden darse graves pérdidas de agua al hacer ejercicios a temperaturas extremas. Cuando se realizan deportes en países con clima muy caliente las pérdidas de agua pueden llegar a ser de hasta 12 litros por día. Por esa razón nuestro organismo está compuesto de un 65% de agua, porque ella tiene una gran capacidad de absorción de calor, es una de las sustancias que tienen mayor calor especifico por lo que permite al cuerpo adaptarse a ambientes con altas temperaturas.

El agua sirve como disipador térmico regulando la temperatura global del cuerpo humano a su valor constante.

Su alto calor específico la convierte en un excepcional amortiguador y regulador de los cambios térmicos, manteniendo la temperatura corporal constante.

El alto valor del calor de vaporización del agua permite eliminar, por medio del sudor, grandes cantidades de calor preservándonos de los golpes de calor.

En un hombre normal con un peso de 80 kg, sentado y en un ambiente cómodo, la pérdida de agua generalmente será de unos 300 ml por hora. En una mujer normal con un peso de unos 65 kg, las pérdidas ocurrirán a una tasa ligeramente inferior de unos 250 ml por hora. (cieah.ulpgc, 2016)

Tal y como escribió Hildreth Brian (2) «Un hombre puede vivir días sin comer, pero sólo unos 2-5 días sin agua». Podemos perder casi toda la grasa y casi la mitad de la proteína de nuestro cuerpo y seguimos vivos, pero la pérdida de tan sólo un 1-2% del agua corporal afecta a la termorregulación y a los sistemas cardiovascular y respiratorio y limita notablemente la capacidad física y mental. (Toxqui, 2012)

Hasta aquí queda claro entonces que el mantener la temperatura corporal constante permite al organismo garantizar un nivel de vida saludable. Cualquier variación extrema de ese parámetro pone en riesgo su existencia.

Cito (Navas, 2015)«Debemos tener presente que cualquier valor del balance hídrico obtenido no es un valor matemático exacto, sino que es un valor aproximado, fruto de una estimación lo más completa posible.»

El mantener la temperatura corporal constante permite al organismo garantizar un nivel de vida saludable. Cualquier variación extrema de ese parámetro pone en riesgo su existencia.

Cuando gozamos de una buena salud nuestro organismo es capaz de mantener un equilibrio hidroelectrolítico y ácido-base gracias a mecanismos adaptativos del mismo. Una de las labores diarias de enfermería en las unidades de cuidados intensivos es el control del balance hídrico de nuestros pacientes cuyo organismo puede que haya perdido dicho equilibrio durante cualquier proceso o patología. El balance hídrico no es más que la cuantificación de todos los ingresos y pérdidas de líquido del paciente en un tiempo determinado.

Dependiendo de la estabilidad hemodinámica del paciente, de si ha perdido mucho volumen en un postoperatorio, por ejemplo, o de si se trata de un paciente con patología renal o coronaria, la cuantificación se debería de realizar en cada turno. (SCRIBD, 2021)

Podemos concluir entonces que cualquier variación de la temperatura corporal influye directamente en el balance hídrico de nuestro cuerpo. Ya sea que hagamos deportes extremos, nos expongamos a temperaturas extenuantes, seamos pacientes críticos, etc. Este desbalance hídrico producto del incremento de temperatura, nos trae el riesgo de hasta perder la vida.

“Por cualquier actividad que el cuerpo humano realiza tendrá un incremento en su temperatura corporal y estas variaciones, a veces imperceptibles, se originan internamente por el propio organismo, el único factor externo que puede provocar un incremento, es el medio ambiente en condiciones extremas de temperaturas”

8.4 Límite máximo de temperatura corporal.

Hemos analizado como la temperatura corporal está en constante variación. Lo que el metabolismo hace, es mantener a toda costa la temperatura en 37 °C, porque esto significa la vida misma. Las variaciones son producto de las interacciones con su medio externo y de las propias para sus procesos químicos internos, pero tienen un límite y están dadas por la naturaleza del ser.

Para tener vida debe haber un desequilibrio con el medio en el que interactuamos. Sin dos niveles de energía no puede haber vida.

El cuerpo humano es un depósito de energía que intercambia calor con otro depósito de menor temperatura, que en este caso será el medio ambiente. Si el ser humano entra en equilibrio con su medio externo, es decir, su variación de temperatura DT=0, ya no podrá ceder calor (lógicamente que se provocan daños irreversibles e incluso la muerte) y no habrá ningún intercambio energético que permita la vida. Existimos por el desequilibrio térmico.

Todo lo que existe en la naturaleza tiene energía intrínseca, unos tenemos más energía que otros; un volcán tiene mayor energía que un ser vivo porque su temperatura es mayor, una persona que está en constante ejercitación gasta más energía que una persona que lleva una vida sedentaria, el agua que cae de las montañas tiene más energía de calidad que el agua del mar que está a un nivel más bajo, el agua de un manantial termal tiene también mayor energía que el agua potable que ingerimos diariamente, etc.

Todo es energía y hay en calidad y en cantidad. Pero para que sea útil debe existir un diferencial de nivel, ya sea de altura, de presión, de velocidad, masa, temperatura, etc. Sin ese diferencial todo estaría al mismo nivel de energía y no habría interacciones entre todo lo que existe.

La vida es por lo tanto energía y debe estar a un nivel mayor que la del medio que le rodea. Este nivel mayor se lo garantiza con su temperatura. No puede existir la vida (sin metabolismo) en equilibrio con el medio externo.

"El metabolismo es función de la temperatura corporal y es la cantidad mínima de energía que el cuerpo intercambia con su medio ambiente"

¿Entonces cuáles son los limites metabólicos del cuerpo humano?

De acuerdo a la información obtenida y clasificada en el quehacer a lo largo de nuestra existencia estas son las temperaturas que en determinado momento ha soportado el cuerpo humano. ver la siguiente tabla:

Tabla 8-1

Temperatura°C	Condiciones
120	Temperatura del medio ambiente. y puede llegar a soportarlo, pero no más de 20min. Sudoración y deshidratación excesiva
60	Temperatura del medio ambiente. cuerpo sufriría hipertermia en pocos minutos.
55	Los especialistas apuntan a que el límite de temperatura ambiental que puede soportar el ser humano es de 55 grados con humedad normal siempre que esté bien hidratado.
43	"A partir de los 43°C interiores el cuerpo deja de funcionar porque las proteínas dejan de estar activas" y entonces se empiezan a sufrir efectos como que "se dilatan los vasos, lo que hace que el corazón bombee sangre con menos fuerza"

41	Si no nos hidratamos, a los 41°C de temperatura ambiental, las células del ser humano comienzan a morir.
40	Temperatura interna. Fiebre que requiere atención urgente. Insolación golpe de calor.
39	Temperatura interna fiebre alta. También puede incrementarse por deportes extremos o estress térmico en condiciones de trabajo
37.5 – 38	Temperatura interna fiebre. Es una respuesta de nuestro propio organismo para vencer los agentes externos. Deportes ligeros. Fatiga por exposición prolongada o actividad física.
36 – 37	Condiciones normales en el cuerpo humano
33	Temperatura exterior puede provocar fatiga por exposición prolongada o actividad física.
25	Temperatura exterior óptima para las actividades del cuerpo humano.
4.4	Puede sobrevivir 30 minutos en agua.

"La variación de temperatura del cuerpo humano no puede ser mayor de 1 °C porque le causa malestares que pueden traducirse a un mal funcionamiento. El cuerpo humano es un deposito térmico que mantiene su temperatura prácticamente constante."

El cuerpo humano genera una regulación autónoma de su temperatura, sin embargo, esta tiene sus límites. No puede indefinidamente mantenerse en condiciones extremas tanto de frio o calor, debido a que inevitablemente debe regirse por las leyes de la termodinámica. Si estamos ante un ambiente frio, inevitablemente deberemos alcanzar el equilibrio térmico con el cuerpo de baja temperatura, al mismo tiempo, si estuviésemos en un ambiente caliente, también tenderíamos a equilibrarnos con el depósito de alta temperatura.

Esto es propio de las leyes de la termodinámica y nuestro cuerpo no puede contra ellas, nosotros también tenemos una dirección preferida de cambio en nuestro proceso y es aquel en el que inevitablemente estaremos en equilibrio con el medio en el que interactuemos, y alcanzaremos el máximo nivel de entropía. Este es un concepto que veremos en el siguiente capítulo.

Capítulo 9
SEGUNDA LEY Y EL CUERPO HUMANO

El primer principio de la termodinámica estudia las características del calor, del trabajo y la relación con las sustancias que intervienen en estas. Gracias a los experimentos se demostró que el calor y el trabajo mecánico podían convertirse directamente entre sí, manteniendo su valor general constante.

El primer principio de la termodinámica dictamina que la materia y la energía no se pueden crear ni destruir, sino que se transforman, y establece el sentido (solo cambiando su signo) en el que se produce dicha transformación. Sin embargo, la primera ley no impone restricciones a la dirección en que puede efectuarse un proceso.

Según la primera ley un proceso de una sustancia que se enfría al ambiente cedería una cantidad de calor Q- (negativo porque se pierde calor), pero podría, una vez enfriado volverse a calentar recibiendo la misma cantidad de calor Q+. Es decir, que la energía en el proceso de ida es equivalente a la energía inicial en el proceso de vuelta.

Pero en la realidad este proceso inverso no se puede efectuar porque el ambiente de su propia espontaneidad no le va a regresar el calor a la sustancia que se enfrió. Podríamos mencionar otro ejemplo, si mezclamos dos sustancias diferentes, es imposible una vez mezcladas que puedan espontáneamente separarse y volver a su condición inicial. El calor siempre fluye de un cuerpo a alta temperatura hacia uno de menor temperatura, pero nunca podrá ocurrir a la inversa. Todo esto conduce a que los procesos son irreversibles y deben de tener una restricción, factor que no existe en la primera ley.

Para que un proceso sea reversible debe ajustarse al concepto de entropía, esta es la consecuencia más importante de la segunda ley de la termodinámica, ya que establece de una vez la dirección en la que deben realizarse los procesos. Y la única manera en la que puedan efectuarse es en la dirección en la que la entropía aumenta. Todos los procesos se efectúan siempre con un aumento de entropía.

El aumento de entropía de un sistema es la energía que se degrada. Para que un proceso se cumpla debe cumplir con la primera y segunda ley al mismo tiempo.

"todos los procesos de la naturaleza tienen una dirección preferida de cambio y es aquella en la que tienden al equilibrio, con el consecuente aumento de entropía, el cuerpo humano no es la excepción"

El cuerpo humano interactúa con el medio ambiente cediendo energía. Esta energía es metabolismo. ¿Podríamos aplicar la segunda ley de la termodinámica al cuerpo humano?

9.1 El segundo principio de la termodinámica.

El segundo principio está referido a una imposibilidad y se resume en dos enunciados.

Es imposible construir un dispositivo que reciba una cantidad de calor de un deposito térmico y tenga como único efecto convertir todo el calor en trabajo. Se refiere a la Maquina Térmica.

Es imposible transferir calor de un deposito térmico a baja temperatura hacia uno de alta sin una cantidad de trabajo externo. Se refiere al refrigerador.

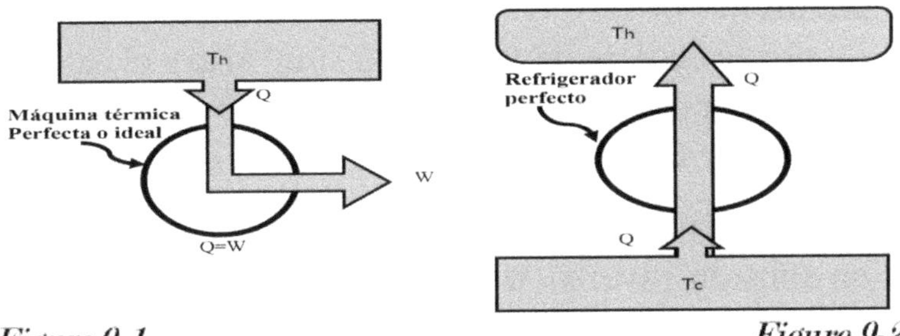

Figure 9-1 *Figure 9-2*

En la figura anterior podemos apreciar gráficamente los enunciados de la segunda ley.

En 1824 el ingeniero francés Sadi Carnot diseño la maquina térmica más eficiente en términos teóricos y que funciona de manera reversible, para ello funciona entre dos depósitos de calor de temperaturas fijas. Esta máquina se conoce como la máquina de Carnot y su funcionamiento se llama el ciclo de Carnot.

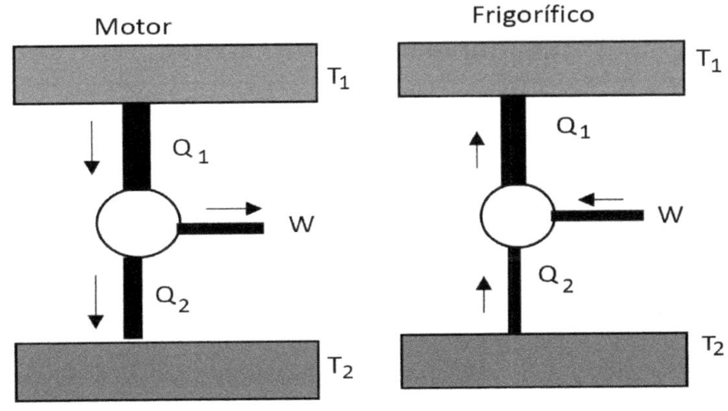

Figure 9-3

Un motor de Carnot es un dispositivo ideal que describe un ciclo de Carnot. Trabaja entre dos focos, tomando calor Q1 del foco caliente a la temperatura T1, produciendo un trabajo W, y cediendo un calor Q2 al foco frío a la temperatura T2.

En un motor real, el foco caliente está representado por la caldera de vapor que suministra el calor, el sistema cilindro-émbolo produce el trabajo y se cede calor al foco frío que es la atmósfera.

La máquina de Carnot también puede funcionar en sentido inverso, denominándose entonces frigorífico. Se extraería calor Q2 del foco frío aplicando un trabajo W, y cedería Q1 al foco caliente.

En un frigorífico real, el motor conectado a la red eléctrica produce un trabajo que se emplea en extraer un calor del foco frío (la cavidad del frigorífico) y se cede calor al foco caliente, que es la atmósfera. (sc.ehu, 2011)

La eficiencia de la máquina de Carnot se utiliza como factor de comparación de la eficiencia de otras máquinas, no pudiendo existir ninguna maquina o refrigerador real que sea más eficiente que una máquina de Carnot.

9.2 Ecuación del segundo principio de la termodinámica.

La ecuación de la segunda ley se usa para determinar los limites teóricos en el desempeño de sistemas de ingeniería de uso ordinario como maquinas térmicas y refrigeradoras. Se usa para cuantificar el nivel de perfección de un proceso y señalar la dirección para eliminar eficazmente las imperfecciones.

Anteriormente se mencionó que las maquinas térmicas deben operar entre dos fuentes de calor, por tanto, tendremos que definir lo que es un deposito térmico.

> Un deposito térmico es un cuerpo que posee una capacidad de energía térmica relativamente grande, que pueda suministrar o absorber cantidades finitas de calor sin experimentar cambios en su Temperatura. Se consideran depósitos térmicos: grandes cuerpos de agua (océanos, ríos lagos) y el aire atmosférico debido a que pueden absorber grandes cantidades de energía térmica sin que varié su temperatura.
>
> También es posible modelar un sistema de dos fases como un depósito, ya que puede absorber y liberar grandes cantidades de calor mientras permanece la temperatura constante.
>
> Otro ejemplo común de un depósito de energía térmica es el horno industrial. Las temperaturas de la mayoría de los hornos se controlan con cuidado, por lo que son capaces de suministrar de una manera esencialmente isotérmica grandes cantidades de energía térmica en forma de calor. Por lo tanto, se pueden modelar como depósitos.
>
> Un cuerpo no tiene que ser muy grande para considerarlo como un depósito; cualquier cuerpo físico cuya capacidad de energía térmica es grande con respecto a la cantidad de energía que suministra o absorbe se puede modelar como depósito. (M., 2023)

Un sistema de dos fases se puede modelar como un depósito, ya que puede absorber y liberar grandes cantidades de calor mientras permanece a temperatura constante.

En resumen, una máquina de Carnot tendrá las siguientes características:

- Opera en un ciclo que se compone de cuatro procesos básicos. Un proceso (A-B) de expansión isotérmica, un proceso (B-C) de expansión adiabática, un proceso (C-D) de compresión isotérmica y un proceso (D-A) de compresión adiabática.

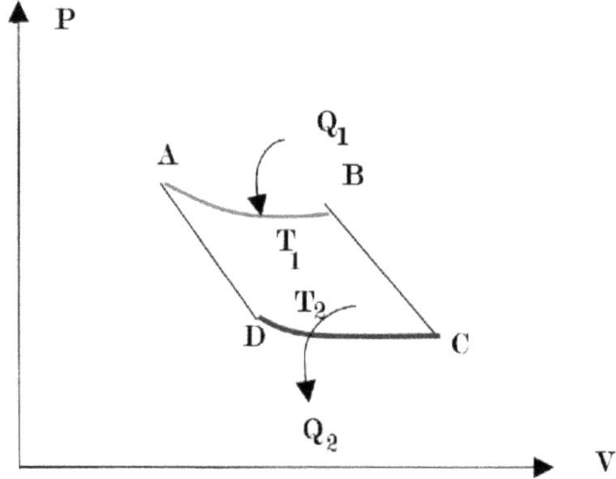

- Se le suministra al dispositivo una cierta cantidad de calor. Esta cantidad de calor procede del depósito térmico a alta temperatura.
- El motor realiza un trabajo gracias a este calor que sería suministrado
- Parte del calor es utilizado y otro es desechado. El desechado se transfiera al depósito térmico que está a menor temperatura.
- Todos los procesos son reversibles. Si la maquina se invierte se convierte en un refrigerador

El rendimiento del ciclo de Carnot es el valor límite máximo que puede alcanzar una maquina reversible.

$$\eta = \frac{W}{Q_1}$$

Ecuación 9-1

$$\eta_c = 1 - \frac{T_2}{T_1}$$

Ecuación 9-2

$$\eta = \frac{Q_1 - Q_2}{Q_1} = 1 - \frac{Q_2}{Q_1}$$

Ecuación 9-3

Para un ciclo de Carnot debe cumplirse que:

$$\frac{Q_1}{T_1} + \frac{Q_2}{T_2} = 0$$

Ecuación 9-4

Para un ciclo real de maquina térmica:

$$\frac{Q_1}{T_1} + \frac{Q_2}{T_2} < 0$$

Ecuación 9-5

De forma general para todas las maquinas térmicas:

$$\frac{Q_1}{T_1} + \frac{Q_2}{T_2} = \leq 0$$

Ecuación 9-6

Si los ciclos son infinitesimales entonces se cumple que:

$$\oint \frac{\delta a}{T} = 0$$

Ecuación 9-7

T_1=temperatura del deposito caliente

T_2=temperatura del deposito frio.

Concepto de entropía.

Consideremos un proceso isotérmico reversible efectuado desde el estado1 al estado 2.

Entonces se define la entropía como una función de estado y es el cociente entre el calor Q y la temperatura T.

$$S_2 - S_1 = \int_1^2 \frac{\delta Q}{T}$$

Ecuación 9-8

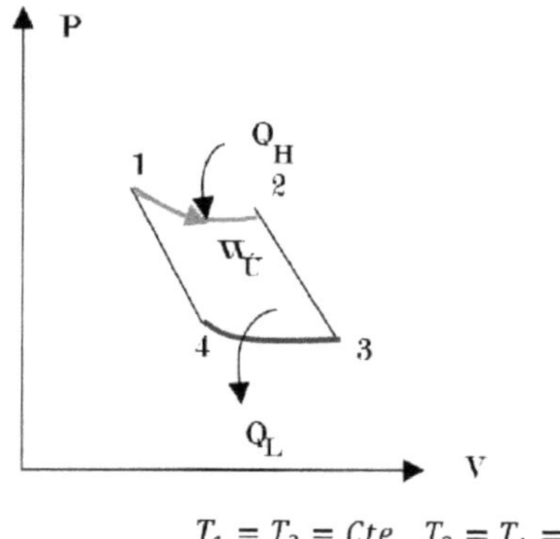

$T_1 = T_2 = Cte \quad T_3 = T_4 = Cte$

La variación de entropía desde un estado inicial 1 hasta un estado final 2:

Se calcula:

$$S_2 - S_1 = \frac{Q_H}{T}$$

Ecuación 9-9

Esta ecuación puede leerse así:

Cuando un sistema termodinámico pasa, en un proceso reversible e isotérmico, del estado 1 al estado 2, el cambio en su entropía es igual a la cantidad de calor intercambiado entre el sistema y el medio dividido por su temperatura absoluta.

El cambio de entropía en proceso irreversible pero isotérmico, se puede calcular:

$$\Delta S = \int \frac{dQ}{T} = \frac{1}{T} \int dQ$$

Ecuación 9-10

En resumen, la ecuación de la segunda ley queda expresada como:

$$S_2 - S_1 = \frac{1}{T_H} \int_1^2 dQ = \frac{Q_H}{T_H}$$

Ecuación 9-11

representa el cambio de una propiedad porque no depende de la trayectoria. A esta propiedad se le denomina entropía y se designa por S

La entropía, en física, en una magnitud que mide la relación entre la energía calórica y la temperatura, es decir, cuánta energía útil hay en un sistema para realizar trabajos.

9.3 Concepto original de la entropía.

El concepto original de la entropía nació como una respuesta a la baja eficiencia que se observaba en los motores a vapor que empezaban a construirse en esa época. *El primer motor se construyó en el año 1697 y era ineficiente. El problema fue que eran lentos y torpes convirtiendo menos del 2% del combustible fósil de entrada, generalmente carbón, en trabajo útil.* (Planas, Energia Solar, 2022)

El concepto de la entropía nació como una respuesta a la observación sobre una cantidad determinada de energía que era liberada en las reacciones de combustión en las cuales se perdía energía por medio de la disipación o la fricción sin que se produjera trabajo útil. El año 1850, Rudolf Clausius logró establecer el concepto de termodinámica y postuló la tesis que decía que en cualquier tipo de proceso irreversible, una muy pequeña cantidad de energía térmica podía ser gradualmente disipada. (Gabriela Briceño, 2023)

Entropía: Magnitud que mide la parte de la energía no utilizable para realizar trabajo y que se expresa como el cociente entre el calor cedido por un cuerpo y su temperatura absoluta.

De esta manera, después de intensos estudios se logró distinguir la energía útil de la inútil, desarrollando más ideas con respecto a la energía perdida nombrando el proceso como entropía.

La entropía,es el potencial energetico asociado a la temperatura y que se irá degradando conforme interactue con otro sistema.

Un par de décadas más tarde, Ludwig Boltzmann (el otro «fundador» de la entropía) utilizó el concepto para explicar el comportamiento de inmensos números de átomos: aunque es imposible describir el comportamiento de cada partícula en un vaso de agua, aún es posible predecir su comportamiento colectivo cuando se calientan usando una fórmula para la entropía. (UNICOOS, 2020)

Ludwig Boltzmann encontró en 1877 la manera de expresar matemáticamente este concepto y desarrolló la siguiente fórmula:

$$S = k.\, ln\Omega$$

Ecuación 9-12

donde S es la entropía, k la constante de Boltzmann y Ω el número de micro estados posibles para el sistema (ln es la función logaritmo neperiano). La ecuación asume que todos los micro estados tienen la misma probabilidad de aparecer.

El concepto de entropía se adapta eficazmente a diferentes estados o campos de estudio. Como consecuencia, su definición ha ido evolucionando con el paso del tiempo hasta encontrar lo que tenemos en la actualidad.

9.4 Entropía propiedad termodinámica

La entropía podría ser el más difícil de todos los conceptos físicos y a la larga para muchos no se podrá captar con esta explicación.

El concepto de "entropía" es complicado entenderlo en su totalidad, porque al inicio de su estudio se vuelve algo confuso, tiene muchas connotaciones, y en ciertos cambios de las propiedades del sistema en que se aplica, es entendible, pero a veces los sentidos en los que se realizan estos procesos se vuelven ideales (reversibles) y difíciles de imaginar. La entropía, está definida en base a procesos reversibles a sabiendas que en la naturaleza no existe nada reversible y además es algo que no se puede medir (como la temperatura) solo se puede calcular.

Para que vayamos entendiendo con mayor facilidad este concepto, diremos que:

a. La entropía es una propiedad termodinámica de cada cuerpo, es decir, es una magnitud física como la presión, temperatura, etc. No se conoce su valor porque no existe un instrumento para medir esta propiedad al igual que si existen instrumentos para medir la presión y temperatura. Solo se calcula la variación de entropía.

b. La variación de entropía determina la degradación del potencial energético en un sistema.

c. Habitualmente se considera que es la magnitud termodinámica que permite calcular la parte de la energía calorífica que no puede utilizarse para producir trabajo y que, en consecuencia, se pierde.

9.5 Establece la dirección de los procesos.

La entropía es una consecuencia de la segunda ley y establece la dirección preferida de cambio que tienen los procesos.

Por ejemplo: una taza de agua a 100°C si se deja al ambiente, lo más lógico es que su temperatura empiece a disminuir hasta 25°C y equilibrarse con el ambiente. Es imposible que un cuerpo frio le ceda calor a un cuerpo caliente

Cuando mezclamos dos sustancias diferentes es imposible una vez mezcladas puedan separarse y volver a su condición inicial.

Cuando se cae un vaso de vidrio lo más lógico es que se rompa. Esa es la dirección preferida de cambio para él. Pero hacer que se ordene espontáneamente a su condición inicial es imposible. Es un proceso irreversible.

El agua de un rio en las partes más alta tiene energía de calidad (potencial) y una vez que cae al nivel del mar su energía disminuye. Al nivel del mar ya no tiene la calidad de energía que tenía cuando estaba en lo más alto. La energía se degradó.

El calor siempre fluye desde un cuerpo a alta temperatura hacia uno de menor temperatura. Nunca a la inversa.

Todos los procesos mencionados son irreversibles de acuerdo a la segunda ley de la termodinámica.

La primera ley no impone ninguna restricción a la dirección en que la que se efectúan los procesos por lo cual se pueden invertir.

Esta es la consecuencia más importante de la segunda ley, ya que establece de una vez la dirección en la que deben realizarse los procesos. Y la única manera en la que pueden efectuarse es en la dirección en que la entropía aumenta.

Todos los procesos se efectúan siempre con un aumento de entropía. El aumento es el costo que se paga o la energía que se degrada.

9.6 Variación de Entropía del universo.

La entropía, a diferencia de la energía, sí que se puede crear. De hecho, la entropía se crea constantemente en el Universo, no para de aumentar, y esta es la base del Segundo Principio de la Termodinámica. Si nosotros consideramos la totalidad del Universo como un colosal sistema aislado, cualquier proceso espontáneo que tenga lugar en él será aquel que haga que $\Delta Su > 0$ y, por tanto, en efecto, S no para de aumentar y la entropía se va creando. (QUIMITUBE, 2013)

La entropía global es la entropía del sistema considerado más la entropía de los alrededores. También se puede decir que la variación de entropía del universo, para un proceso dado, es igual a su variación en el sistema más la de los alrededores:

$$\Delta S_{sistema} + \Delta S_{entorno} = \Delta S_{u} > 0$$

Ecuación 9-13

Si se trata de un proceso reversible, es cero.

Como los procesos reales son siempre irreversibles, siempre aumentará la entropía. Así como "la energía no puede crearse ni destruirse", la entropía puede crearse, pero no destruirse.

Podemos decir entonces que "como el Universo es un sistema aislado, su entropía crece constantemente con el tiempo". Esto marca un sentido a la evolución del mundo físico, que llamamos principio de evolución. (Equipos y Laboratorios, 2022)

Considerando el Universo como un sistema aislado, se producirán espontáneamente aquellos procesos en los que la entropía del Universo aumenta, es decir, la entropía del Universo tiende a un máximo.

Cuando la entropía sea máxima en el Universo, esto es, exista un equilibrio entre todas las temperaturas y presiones, llegará la muerte térmica del Universo (enunciado por Clausius).

9.7 Entropía y desorden.

La entropía es un concepto clave para la Segunda Ley de la termodinámica, que establece que "la cantidad de entropía en el universo tiende a incrementarse en el tiempo". O lo que es igual, dado un período de tiempo suficiente, los sistemas tenderán al desorden. Ese potencial de desorden será mayor en la medida en que más próximo al equilibrio se halle el sistema. A mayor equilibrio, mayor entropía.

Desde el punto de vista microscópico el desorden se refiere al movimiento molecular en un sistema.

Si comparamos un sólido con un gas veremos que las moléculas del gas están más desordenadas que las del solido que tienen una unión más fuerte entre sí. Al aumentar la temperatura del gas veremos que sus moléculas adquirirán mayor velocidad, estarán más desordenadas, se ha incrementado su entropía.

Un aumento de temperatura en un sistema, incrementa su entropía, aumenta su desorden.

Por lo tanto, hay que subrayar que el «desorden», tal como se utiliza en un sistema termodinámico, se refiere a una descripción microscópica completa del sistema, más que a sus propiedades macroscópicas aparentes.

Entender la entropía como una medida del desorden de los procesos naturales es fácil, si se analizan ejemplos prácticos: una casa abandonada se deteriora, las máquinas que no reciben mantenimiento se convierten en chatarra, los seres vivos envejecen, etc. En el caso concreto de los sistemas vivientes, la etapa del desarrollo de los mismos puede, a primera vista, considerarse como una evidente contradicción de la segunda ley de la termodinámica, dado que en dicha etapa pareciera que estos sistemas se tornan espontáneamente más y no menos organizados; sin embargo, el análisis completo debe incluir a los alrededores, y aunque en este caso en concreto, la entropía del sistema disminuye, la de los alrededores aumenta, obteniéndose un aumento neto de la entropía del universo, como consecuencia de que los sistemas vivos adquieren su alto grado de organización a expensas de su entorno. A pesar de lo anteriormente expuesto, a la larga todos los sistemas vivos tienden a deteriorarse y como resultado de ese deterioro finalmente mueren. (Rojas)

Cuando se produce una variación de entropía positiva, los componentes de un sistema pasan a un estado de mayor desorden si la entropía debe maximizarse en cada transición de un estado de equilibrio a otro, y el desorden interno del sistema debe aumentar, se ve claramente un límite natural, cada vez costará más extraer la misma cantidad de trabajo.

Debido a que nuestro universo probablemente comenzó como una singularidad, un punto de energía ordenado infinitamente pequeño, que se expandió y continúa expandiéndose todo el tiempo, la entropía crece constantemente en nuestro universo porque hay más espacio y, por lo tanto,

> más estados potenciales de desorden que pueden adoptar los átomos. Los científicos han planteado la hipótesis de que el universo finalmente alcanzará algún punto de desorden máximo, momento en el que todo tendrá la misma temperatura, sin focos de orden (como estrellas). (UNICOOS, 2020)

La entropía determina la degradación del potencial energético de un sistema. Entonces, cuando se habla de que la entropía aumenta el nivel de desorden de un sistema, se refiere a que se ha producido un cambio de disponibilidad energética del mismo. Entre más se desordene un sistema tendrá mayor entropía y más tendencia al equilibrio perdiendo su capacidad de producir un trabajo.

9.8 La entropía como flecha del tiempo.

Todos los sistemas en la naturaleza tienden del orden a un desorden. Todos los procesos tienen una dirección en la que se efectúan y es la que va de un potencial mayor de energía hacia uno de menor energía. Un cuerpo con menor entropía no le puede incrementar la entropía a otro que tenga mayor entropía inicial que el primero. Esta es la base para que todos los procesos en la naturaleza sean irreversibles.

La entropía establece la dirección que posee el tiempo desde el pasado hasta el futuro y que ocurre sin interrupciones. La entropía solo puede aumentar con el tiempo y es imposible que se reduzca. En consecuencia, esto serviría para distinguir fácilmente entre lo que fue el pasado y lo que será el futuro. Por ello, mientras más tiempo pase todo el sistema será más desordenado.

La energía se define como “la capacidad de los sistemas de producir un efecto". Todos los sistemas poseen energía intrínseca pero no todos pueden producir un efecto. Un sistema en equilibrio con su medio externo tiene energía, pero no interactúa porque esa energía solo es cantidad y no de calidad. Los sistemas en equilibrios no producen trabajo y no pueden transmitir calor porque ya están en su punto de entropía máxima.

La energía de calidad es la que está en desequilibrio con su medio externo, este desequilibrio permite que la energía fluya, permite la evolución en el planeta y la interacción con el mismo.

El tiempo está relacionado a la entropía, el tiempo irreversible. El tiempo fluye junto a la energía.

La entropía aumenta con el tiempo y llega a su estado de máximo desorden cuando alcanza el equilibrio. Una vez en ese estado, la entropía no se puede revertir y aunque el sistema aun posea energía, no puede producir entropía porque el desequilibrio ya no existe. En este punto todo existe a la misma energía y el tiempo junto a la entropía llegaron a su límite.

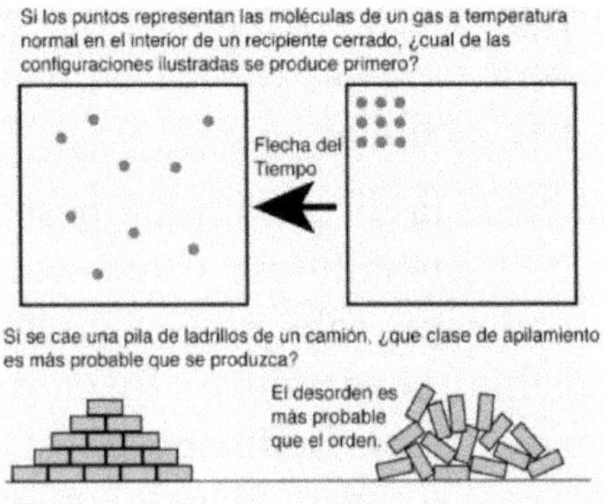

FIGURE 9-4

De esta manera, la entropía está muy relacionada con la flecha del tiempo y ha provocado estudios de todo tipo. Einstein lo demostró en su teoría de la relatividad y aún sigue siendo tema de conversación para académicos de todo el mundo. Sin embargo, lo cierto es que en un sistema cerrado el desorden tiende a acumularse con el pasar del tiempo, demostrando así el valor de la entropía. Solo es cuestión de entender muy bien todos los principios que aplican en las leyes termodinámicas para ver la importancia de este término.

9.9 Entropía en su definición moderna.

La entropía, en una definición más moderna, se puede entender como el número de micro estados equivalentes para un mismo macro estado de un sistema. Es decir, de cuántas formas posibles se pueden colocar los elementos para que el observador pueda medir macroscópicamente lo mismo.

> Visto de otro modo, la entropía mide la probabilidad de encontrar un estado debido a la multiplicidad de combinaciones que dan un mismo resultado. (Guillermo Westreicher, 2020)

> La entropía tiene una relación muy estrecha con la teoría de la información. Básicamente, el concepto mide cuánta incertidumbre puede existir en cualquier fuente de datos. A su vez, algunos autores lo definen como la calidad de información que poseen los símbolos de un mensaje. Visto de esta manera, las palabras de un texto son símbolos que reflejan una información y dependiendo de las que sean usadas arrojará más o menos datos. En consecuencia, podríamos definir la entropía como la cantidad de desorden que posee un sistema. (ECONOMIA3, 2022)

> El amplio concepto de entropía se ha venido desa-

rrollando con gran aplicación en la economía, con diversas visiones, desde aplicar la termodinámica y sus leyes a los sistemas complejos, donde los sistemas económicos son un tipo de ellos, así como para comprender la reversibilidad o irreversibilidad productiva de un sistema en función de su Producto Interno Bruto. (Calero, 2019)

Desde que el concepto de entropía en el ámbito de la física, se utiliza para referirse a una medida del desorden que puede verse en las moléculas de un gas, a partir de entonces este concepto se utilizaría con diversos significados en múltiples ciencias, tales como la física, la química, la informática, la matemática y la lingüística. (J, 2021)

9.10 La entropía difícil de definir.

Como hemos visto, la entropía tiene varios significados que pueden variar según la disciplina que la esté tratando en ese momento.

Solo he hecho mención de los aspectos que tienen más relevancia en los estudios o aplicaciones científicas de esta propiedad termodinámica.

La percepción por la que mejor entendemos el concepto de entropía es la que nos dice:

Es una propiedad termodinámica que representa la energía de un sistema que no puede convertirse en trabajo útil. Cuando añadimos energía a un sistema aumentamos el desorden de dicho sistema.

Quiero concluir este tema con unos extractos de un artículo de Leonardo tyrtania, *"La indeterminación entrópica" Notas sobre disipación de energía, evolución y complejidad. Desacatos, núm. 28, septiembre-diciembre, 2008, pp. 41-68 Centro de Investigaciones y Estudios Superiores en Antropología Social Distrito Federal, México.*

Por considerar que los aspectos acerca de la entropía abordados en el mismo, serán de gran aporte para enriquecer la razón de ser del presente libro. Cito.

> La termodinámica describe la evolución de los sistemas de manera exhaustiva (en el aspecto energético) sin importar la "materia prima" de la que están hechos dichos sistemas. Es importante entender que la termodinámica no se refiere a una cuestión escatológica, como podría ser la muerte térmica del cosmos, sino a una cuestión de aquí y ahora: todos los esfuerzos que realizamos son, en última instancia, para mantenernos alejados del estado del equilibrio termodinámico.
>
> Las poderosas generalizaciones de la termodinámica se refieren a los procesos naturales, incluidos los orgánicos y los sociales, en cuanto procesos irreversibles.

Todos los esfuerzos que realizamos son, en última instancia, para mantenernos alejados del estado del equilibrio termodinámico.

> Con todo, hay quienes opinan que hace falta una formulación de los principios de la termodinámica en términos que darían cuenta del surgimiento del orden, esto es, hace falta una "cuarta ley" que permitiera entender cómo los sistemas evolutivos evitan el caos.
>
> Ahora bien, no es necesario esperar que concluyan todos los debates para aceptar el concepto de entropía; la segunda ley está bien establecida y el

significado del principio de disipación se conoce como el más elemental y de sentido común: no es posible quemar dos veces el mismo leño. Hay que ir de nuevo a por él, gastar energía nuevamente, e ir cada vez más lejos. Los principios de la termodinámica traducidos a un lenguaje sencillo dicen lo siguiente:

- En el mundo en que vivimos la energía es constante y la entropía (energía inútil) aumenta a cada instante: nada permanece igual.
- La disipación de la energía no se puede detener ni mucho menos revertir: la energía no es reciclable.
- El principio de entropía es el motor de la evolución: sobrevivimos en un mundo cuyo desgaste aumenta. (Tyrtania, 2008)

La segunda ley está bien establecida y el significado del principio de disipación se conoce como el más elemental y de sentido común.

La evolución es "un camino sin retorno para todos" y se despliega en medio de la "indeterminación entrópica", según la sugerente expresión de Nicholas Georgescu-Roegen (1996). Quiere decir que el proceso energético es la base físico-material de todos los procesos prebióticos, biológicos y sociales. En el transcurso del proceso evolutivo no se puede predecir qué es lo que ocurrirá, ni cuándo, ni cómo.

La termodinámica no lo explica todo, sólo impone la razón de ser o, más bien, la del devenir: los fenómenos macro físicos se deben a la "producción" de la entropía. Si no se toma en cuenta este principio se corre el peligro de contemplar un mundo irreal en el que el consumo de energía no tiene consecuencias. Un paraíso, pues. Los sistemas que no producen entropía son impensables, por lo tanto, no existen (o están completamente fuera de alcance de nuestra comprensión). (Tyrtania, 2008)

El objeto de estudio que postula el paradigma de la complejidad es el sistema, con más precisión el sistema disipativo, que es un sistema termodinámicamente fluido, abierto a los intercambios con el medio. Un objeto nunca se define por sí solo, sino por su tipo lógico: el sistema es "él y sus circunstancias". El problema de trazar las fronteras del sistema abierto o, lo que es lo mismo, distinguirlo de su entorno, es una dificultad que no tiene una solución única y que revela siempre el mismo problema, una paradoja de fondo: no se puede conocer el valor total de la energía de un sistema o de un ensamble de sistemas, pero sí se puede medir su potencial de trabajo y obtener indicadores de su estado sobre la base de la primera y la segunda ley de la termodinámica. Feynman (1965) va más allá y afirma que "es importante darse cuenta que hoy en día en física no sabemos qué es la energía... Sin embargo, hay fórmulas para calcular algunas cantidades numéricas, y cuando sumamos todo da siempre el mismo número. (Tyrtania, 2008)

"es importante darse cuenta que hoy en día en física no sabemos qué es la energía...

Toda actividad humana tiene sus riesgos en la medida en que deja una “huella ecológica”. En un mundo cerrado la entropía finalmente es intransferible. Aunque no sepamos medir la entropía, debemos estar al tanto de qué es lo que significa. La entropía es el concepto más abstracto jamás inventado por la ciencia: es el índice de la energía inútil. ¿Dónde está esa energía? En la proporción entre la energía disponible y la no disponible en un sistema. Proporción es un concepto abstracto, pero otra cosa son las formas energéticas que la manifiestan.

La naturaleza irreversible delos procesos energéticos indica que:

1) no se repetirá un estado anterior, y

2) que la historia deja trazas que limitan el número de estados posibles en el futuro.

A mi modo de ver el problema de las ciencias sociales es el siguiente: en la medida en que los sistemas sociales incorporan más y más información, la descripción de estos sistemas se hace más larga, complicada e idiosincrásica. En las ciencias duras, debido al formalismo matemático, sucede lo contrario, si exceptuamos las largas explicaciones verbales que acompañan las fórmulas concisas en todo manual de física. (Tyrtania, 2008)

Capítulo 10
UNA ECUACIÓN PARA EL CUERPO HUMANO

Comprendiendo un poco lo que es entropía y su aplicación en los procesos naturales, nos hemos dado cuenta del porque los procesos ocurren de una manera determinada y no de otra. Lo importante es entender en qué sentido ocurren los procesos, y todos van a ocurrir en el sentido en el que aumenta la entropía.

La entropía, al igual que la vejez de una persona, al igual que el tiempo, inexorablemente van siempre hacia adelante y no hay manera de detenerlos. No podemos negar que la ecuación de entropía fue el resultado de la búsqueda de "de una teoría" durante la época de 1894, que describiera la eficiencia de las maquinas térmicas. Pero después esos conceptos se extendieron a otros procesos en los que implicaban calor y temperatura. En la medida que avanzaba el desarrollo tecnológico y había nuevos procesos que requerían una explicación, se fueron analizando con ayuda de la primera y segunda ley de la termodinámica.

¿Si todo proceso que existe en el universo se puede describir o comprender mediante una ley, cuál sería la ley que describe al ser humano?

El cuerpo humano, debe tener una temperatura constante y está generando calor continuamente, por tanto, tiene un comportamiento que puede ser descrito mediante la primera y la segunda ley de la termodinámica.

10.1 El cuerpo humano no es una maquina térmica.

Hasta la fecha, existe el debate en cuanto a que si el cuerpo humano puede ser estudiado como si tal si fuese una máquina térmica, algunos dicen, que es posible, dado que son análogos debido a que, tanto la maquina como el organismo son sistemas que realizan trabajo, necesitan de combustible, e intercambian calor.

La máquina térmica ópera entre dos depósitos térmicos fijos y requiere una transferencia de calor para producir un trabajo. Pero, no se autorregula, no tiene conciencia, no es un ser vivo.

En el ser humano hay una transformación de energía producto de la oxidación esencialmente de la glucosa en el proceso de respiración, parte de la energía se requiere para realizar el trabajo celular y la restante es utilizada para mantener constante la temperatura corporal. Cito.

> Una máquina térmica y el organismo, como sistemas que realizan trabajo, requieren de combustible, sin embargo, la primera, opera con diferencias de temperatura provocando transferencia de calor y con ello la realización de trabajo, en cambio en el organismo la oxidación se realiza a temperatura constante por lo que no hay transferencia de calor asociado a la realización de trabajo. La transformación de energía, en la combustión como en la oxidación, tienen el mismo principio, ya que se realizan mediante mecanismos moleculares. La diferencia radica en la velocidad con que se realizan; la combustión es violenta y la reacción se

> mantiene por sí sola una vez que ha comenzado; en cambio, la oxidación es un proceso lento y controlado, de manera que, la energía se transforma de acuerdo a los requerimientos del organismo.
>
> Las similitudes antes mencionadas, podrían justificar la analogía que comúnmente se hace del organismo con una máquina, pero evidentemente no sería térmica. Sin embargo, el organismo realiza un conjunto de transformaciones de energía dentro de los confines de las leyes de la termodinámica, por lo que, si se insiste en llamarle máquina, ¿qué tal?, máquina bioquímica" (SCRIBD, 2017)

Otros autores difieren en que el comportamiento del ser humano no puede ser como el de una maquina térmica y cito.

> El desarrollo de la vida humana y sus actividades difiere de la concepción formal de una máquina térmica, ya que no depende de una fuente de temperatura externa que directamente le transmita energía para ser transformada en trabajo y en un residuo de calor, sin embargo químicamente ocurren reacciones que nos permiten absorber nutrientes y convertir la energía proporcionada por los alimentos al ser ingeridos, a este proceso biológicamente se le denomina metabolismo, a diferencia de una máquina térmica el ser humano depende de múltiples variables para conocer la eficiencia en la transformación de energía química potencial de los alimentos con respecto al trabajo en el organismo. Sin embargo, resulta indispensable que el cuerpo humano mantenga una temperatura promedio (36-37°C denominados límites

psiológicos) para desarrollar sus actividades, esto se logra gracias a la termorregulación de los sistemas biológicos."

Una última relación que podemos encontrar del ser humano con una máquina térmica es que el calor rechazado cuando se efectúa alguna actividad (principalmente aquellas que conllevan un esfuerzo en el cuerpo humano como: hacer ejercicio o simplemente caminar) puede provocar a un sobrecalentamiento que rebasa los límites fisiológicos, esto debido a que el cuerpo humano como máquina térmica con las características previamente descritas rechaza el calor generado por el trabajo hacia un sumidero de menor temperatura, este sumidero por lo general es la piel (órgano externo), sin embargo los seres humanos poseen la cualidad de la homeostasis, que es la tendencia de un sistema a buscar el equilibrio o una compensación en caso de un agente o una situación en la que el cuerpo tienda a salirse de los límites fisiológicos; en el caso de la temperatura nosotros poseemos un sistema de regulación térmica, en el caso de que el cuerpo se calienta de manera excesiva, se envía información al área pre óptica, ubicada en el cerebro, por delante del hipotálamo. Este desencadena la producción de sudor. El humano puede perder hasta 1.5 l de sudor por hora. Por otra parte, los vasos periféricos se dilatan y la sangre fluye en mayor cantidad cerca de la piel favoreciendo la transferencia de calor al ambiente. Por eso, después de un ejercicio la piel se enrojece, ya que está más irrigada.

> Estos sistemas de homeostasis térmico ayudan a que la entropía presente en los diversos intercambios de energía en el organismo no tenga un impacto demasiado nocivo. Sin embargo, la entropía tiene como principio fundamental el carácter de irreversibilidad que tanto en el caso de las máquinas térmicas como en el de los humanos es eminente. (SCRIBD, 2014)

A pesar de que la segunda ley de la termodinámica aplica de manera cotidiana en nosotros como seres vivientes, no podemos analizar al cuerpo humano como si funcionara igual a una máquina térmica, aunque existan procesos semejantes (ambos requieren energía para funcionar).

Una maquina térmica es un dispositivo mecánico, inerte, sin vida propia y requiere intervención externa para funcionar. Mientras que el cuerpo humano es un ser vivo, un ser en sí mismo, con pensamiento e inteligencia propia, cuya principal característica es la capacidad de racionamiento y aprendizaje. Que puede autorregularse, adquiere su propia energía, que funciona por sus propios medios, que interactúa con la naturaleza y quiere comprenderla porque de ello depende su supervivencia. Podemos asegurar que como cualquier otro ser vivo cumple con la ley de incremento de entropía, porque la vida tiene un ciclo y tiende a un final, sin embargo, aún existen incógnitas al reconocer por que ocurren las cosas de alguna forma y no de otra en los organismos vivientes. Hay cosas a nivel molecular o atómico que aun la termodinámica no puede explicar con la facilidad con la que se puede percatar del proceso de combustión de una máquina convencional como la de Carnot.

Entonces, debemos diferenciar las características de cada sistema y aplicar las leyes de acuerdo a los procesos que se efectúan en cada uno.

El ser humano crea entropía y como sabemos, esta tiende a aumentar con el tiempo y es imposible que se reduzca. Esto marca un sentido a la evolución del hombre y es aquel en el que la entropía sea máxima en el Universo, esto es, exista un equilibrio entre todas las temperaturas y llegará la muerte.

El ser humano crea entropía y como sabemos, esta tiende a aumentar con el tiempo y es imposible que se reduzca.

A la luz de las anteriores exposiciones, se obtienen las siguientes características:

No	**CARACTERISTICAS**	
	Maquina térmica	Cuerpo humano
1	Opera en un ciclo	No opera en un ciclo
2	Intercambia calor con un depósito de alta temperatura.	Él es un depósito de calor de alta temperatura. disipativo
3	Convierte parte del calor en trabajo.	Convierte parte del calor en trabajo
4	Intercambia calor con un depósito de baja temperatura que se mantiene constante.	Intercambia calor con el ambiente cuya temperatura es variable.
5	Dispositivo inerte	Ser vivo
6	Intervención externa para operar	Se autorregula así mismo

7	Cambio de entropía de depósito es constante	Procura mantener la variación de entropía constante.
8	Dispositivo fabricado para obtener un trabajo de una fuente de calor.	Organismo que ha evolucionado interactuando con su entorno para sobrevivir.

Concluyendo este acápite podemos afirmar que podemos estudiar el cuerpo humano desde el punto de vista de la segunda ley con las siguientes consideraciones:

Es un deposito a alta temperatura 36,5 – 37°C que disipa calor constantemente.

Intercambia calor con un depósito de baja temperatura (el ambiente) idealmente a 25°C en lugares fríos y en países tropicales a 31°C.

El cambio de entropía en el depósito se calculará utilizando la ecuación de la segunda ley dado que los cambios de temperatura son pequeños y ésta se puede considerar constante.

Toda actividad realizada por el cuerpo humano produce cambios de temperatura y por ende cambios de entropía.

Su función principal es la conservación de la vida.

10.2 El cuerpo humano como depósito térmico (sistema disipativo).

Para el estudio del cuerpo humano desde el punto de vista de las leyes de la termodinámica, no podemos considerarlo como una maquina térmica. Pero es significativo aclarar que las ecuaciones que vamos a utilizar serán la primera y segunda ley, a sabiendas, que provienen de una necesidad técnica de explicación de fenómenos de transferencia de calor, en dispositivos de ingeniería que en este caso son las maquinas térmicas. Lo anterior significa que las aplicaciones de los conceptos de termodinámicos se harán atendiendo las características particulares del individuo y de sus procesos térmicos.

Los depósitos térmicos de las máquinas de Carnot operan como dispositivos disipativos y es ahí donde se encuentra la coincidencia con el ser humano.

Siendo el ser humano una complejidad en sí, con una estructura molecular compleja pero cuidadosamente autorregulado, siempre se ha querido pensar que forma parte de un mundo totalmente ajeno a las leyes de la entropía. Cito.

> La disipación permite la vida, pero sólo de manera provisoria y extrínseca. La vida no nace de la materia, sino que se sostiene apenas siguiendo el curso inverso de esta La constante actividad vital no se sigue de las leyes de la termodinámica, sino que aparece para éstas como improbable y extraña. En el universo en disipación de la termodinámica clásica, la vida y su evolución sólo tienen lugar como una excepción provisoria. La actividad vital se hunde en la tendencia a la inactividad del mundo material. En esta imagen de la naturaleza, la materia es entendida como puramente disipativa, en un sentido negativo, como puramente destructiva de las formas, estructuras y ordenaciones que están inscritas en ella, pero que no han nacido de ella. Es así que la vida y su actividad creativa, parecen no tener lugar, parecen precarias y provisorias, sosteniéndose en contra y a pesar de la irreversibilidad,

> de una manera casi anti-natural y milagrosa. Se establece así una radical brecha entre vida y materia, entre creación y disipación. En el universo muerto o en vías de morir de la termodinámica clásica, la vida aparece sólo como un desvío, como una fluctuación pronta a desaparecer, como una actividad extraña y ajena a la materia. (Allimant, 2016)

El cuerpo humano actúa como un sistema disipativo y necesita compensar esta disipación con un aporte continuo de energía desde el medio externo. Nunca estará en equilibrio por lo que sus procesos serán fuertemente irreversibles.

Los sistemas disipativos incluyéndose en este término los sistemas químicos, biológicos, etc., deben obligadamente tener relativa independencia frente a perturbaciones exteriores. En caso contrario el estado en que se encontrasen dependería siempre de pequeñas perturbaciones exteriores, siempre existentes, variando continuamente con éstas.

El cuerpo humano permite cierta variación de temperatura corporal para contrarrestar las perturbaciones de su medio externo.

> Un sistema disipativo, además, será independiente de pequeños cambios en las leyes que lo gobiernan. Es decir, su comportamiento no debe variar profundamente con pequeñas variaciones de las leyes (o función) por las que se rige. A esta propiedad se la denomina Estabilidad Estructural. Puede verse que los sistemas conservativos no la poseen (tal es la situación de toda la mecánica de Newton, no disipativa), contrariamente a los sistemas disipativos.

Es por las consideraciones anteriores que, en la disipación, es decir, en la irreversibilidad, en el alejamiento del equilibrio, en el «desequilibrio», está la clave de la evolución y asimismo de la estabilidad no sólo del mundo biológico sino del mundo fisicoquímico en general. (Velarde, 1980)

En la disipación, es decir, en la irreversibilidad, en el alejamiento del equilibrio, en el «desequilibrio», está la clave de la evolución.

Un ser vivo es, termodinámicamente, un sistema abierto (intercambia materia y energía con el exterior) y, al mismo tiempo, fuertemente disipativo, es decir, degrada la energía y materia que absorbe con producción de calor a través de procesos fuertemente irreversibles y, por lo tanto, muy alejados del equilibrio termodinámico. Al mismo tiempo, estructuralmente, es algo más que la simple suma de sus partes constitutivas. Esta diferencia (fenómeno de sinergesis o como se dice en Física, cooperatividad) es la autoorganización, que diferencia a la calidad de la cantidad. (Velarde, 1980)

10.3 Cambio de entropía del cuerpo humano.

Factores que definen la aplicación de la ecuación de entropía al cuerpo humano:

1. La temperatura corporal es constante 36.5 °C (309.5 K)
2. El cuerpo actúa como el depósito térmico de alta temperatura.
3. Es un ser disipativo degrada la materia (energía) que absorbe en forma de calor.

4. El cuerpo cede calor al ambiente (depósito de baja temperatura a 25°C)
5. El metabolismo basal es energía disipada.
6. Toda actividad corporal activa el metabolismo y hace variar la temperatura interna.
7. El calor especifico del cuerpo es Cp=0.83 kcal/kg k

La ecuación para el cálculo del cambio de entropía:

$$dS = \frac{\delta Q}{T}$$

Ecuación 10-1

$$\Delta S = S_2 - S_1 = \int_1^2 \frac{\delta Q}{T}$$

Ecuación 10-2

El significado de esta ecuación es el siguiente: cuando un sistema termodinámico pasa, en un proceso reversible e isotérmico, del estado 1 al estado 2, el cambio de entropía es igual a la cantidad de calor Q intercambiado entre el sistema y el medio dividido por su temperatura absoluta.

En el capítulo 7 explicábamos, la relación entre metabolismo y temperatura corporal y, concluíamos, que no había actividad que realizara el cuerpo humano sin que existiese alguna variación de su temperatura, por muy infinitesimal que fuese esta.

Vamos a demostrar mediante unos ejemplos que cualquier actividad ya sea: actividad física, ejercicios, etc., hace que aumente la temperatura corporal.

Ejemplo 1. Consideramos a una persona de peso igual a 70 kg, temperatura corporal de 36 .5 °C y un metabolismo basal de 1560 kcal/día. Vamos a demostrar que el metabolismo basal hace que varíe la temperatura de la persona.

Ecuaciones a utilizar:

$$Q=m\,.C_p.dt$$

Ecuación 10-3

Y ecuación 10.1 $dS = \frac{\delta Q}{T}$

El metabolismo debe provocar una variación en la temperatura corporal dado que esa es su función principal, consistiendo en un aumento en la temperatura.

Dividimos entre 24 para obtener el metabolismo por hora:

$$Q = \frac{1560}{24} = 65\,\frac{kcal}{hr}$$

De la ecuación del calor sensible despejamos:

$$T_2 = \left(\frac{Q}{m\ C_p}\right) + T_1 = \left(\frac{65\,kcal}{70\,kg * 0.83\,\frac{kcal}{kg\ °C}}\right) + 36.5°C$$
$$= 1.11 + 36.5 = 37.6°C$$

Por tanto, con un metabolismo de 1560 kcal/día esta persona mantendría una temperatura corporal de 37.6 °C.

En este ejemplo, el metabolismo basal hace variar la temperatura corporal en 1.11 °C

El cambio de entropía

$$d_s = \frac{1560}{309.5} = 5.04\,\frac{kcal}{k}$$

Como el calor Q es el metabolismo del cuerpo humano y es igual en las dos ecuaciones 10.1 y 10.3:

$$m\,C_p d_t = T * dS$$

$$dS = mC_P\frac{d_t}{T}$$

despejamos la incógnita:

$$dS = mC_P\frac{d_t}{T}$$

Ecuación 10-4

pasando el valor de a dividir en el lado izquierdo de la ecuación 10.4 resulta:

$$\frac{dS}{m} = d_s = C_p\int\frac{d_t}{T} = C_pLn\,(T_2 - T_1)$$

$$= 0.83\,\frac{kcal}{kg\,k}.\,(Ln\,310.75 - ln309.65)$$

$$= 0.83\frac{kcal}{kg\,k} * (5.73898873 - 5.7354426)$$

$$= 0.83\frac{kcal}{kg\,k} * 0.00354613$$

$$= 0.0029432\,\frac{kcal}{hr\,kg\,k}$$

Despejando el valor de Q en la ecuación 10.1:

$$Qm = m * d_s * T$$

$$= 70KG * 0.0029432 \frac{kcal}{hr\ kg\ k} * 310.75$$

$$* 24\ hr = \mathbf{1536} \frac{\boldsymbol{kcal}}{\boldsymbol{dia}}$$

Ejemplo 2. Consideramos a una persona de peso igual a 70 kg. Temperatura de 36.5 °C y un metabolismo basal de 1560 kcal/día. Esta persona decide realizar una caminata de 4 km en una hora a una velocidad promedio de entre 4 y 5 km/hr. El gasto energético o calorías a quemar en este trayecto se consideran de 150 Kcal/hr. Verificar el cambio de metabolismo por esta actividad.

Ecuaciones a utilizar:

$$Q = m.\,C_p\,.\,d_t \qquad \text{y} \quad dS = \frac{\delta Q}{T}$$

Dividimos entre 24 para obtener el metabolismo por hora:

$$Q = \frac{1560}{24} = 65 \frac{Kcal}{hr}$$

A esta cantidad habrá que sumarle el gasto energético por la caminata de 150 kcal/hr.

La energía metabólica total que el cuerpo deberá de suministrar para cumplir la actividad será de 215 kcal/hr.

De la ecuación del calor sensible despejamos T_2

$$T_2 = \left(\frac{Q}{m\ C_p}\right) + T_1 = \left(\frac{215\,kcal}{70\,kg * 0.83\,\frac{kcal}{kg\,°C}}\right) + 36.5°C$$

$$= 3.7 + 36.5 = 40.2°C$$

Por tanto, para realizar esta actividad la temperatura corporal tendera a incrementarse hasta 40.2 °C.

Para evitar estos incrementos de temperaturas nocivos para el funcionamiento corporal, es que se activa su mecanismo de termorregulación, donde a través del mismo se produce la sudoración para evacuar el calor excedente al medio externo.

Como este incremento de temperatura también está relacionado al metabolismo del cuerpo humano y este es igual en las dos ecuaciones:

$$mC_p\,d_t = T * d_s$$

$$dS = mC_p\,\frac{d_t}{T}$$

Ecuación 10-5

pasando el valor de a dividir en el lado izquierdo de la ecuación 10.4 resulta:

$$\frac{dS}{m} = d_s = C_p \int \frac{d_t}{T} = C_p Ln\,(T_2 - T_1)$$

calculamos el cambio de entropía por unidad de masa:

$$ds = C_p \int \frac{d_t}{T} = C_p Ln\,(T_2 - T_1)$$

$$= 0.83\ \frac{kcal}{kg\ k} . (Ln\ \mathbf{313.35}\ - ln309.65)$$

$$= 0.83 \frac{kcal}{kg\ k} * (5.749806912 - 5.7354426)$$

$$= 0.83 \frac{kcal}{kg\ k} * 0.0118781493$$

$$= 0.0098588639\ \frac{kcal}{hr\ kg\ k}$$

Despejando el valor de Q en la ecuación 10.1:

$$Qm = m * d_s * T$$

$$= 70KG * 0.0098588639 \frac{kcal}{hr\ kg\ k}$$

$$* 309.65\ K = \mathbf{213.69} \frac{\mathbf{kcal}}{\mathbf{hr}}$$

Su calor de metabolismo durante esa hora será *Qm= 213.69 kcal/hr*

Si la persona se mantuviera en esa condición por 24 horas el metabolismo seria de 5128.6 kcal/día.

Podemos concluir para ambos ejemplos que:

Tanto el metabolismo, así como cualquier actividad física, hacen variar la temperatura corporal.

En base a los ejemplos anteriores, podemos concluir que es factible calcular el metabolismo como una función del cambio de entropía multiplicado por la masa y la temperatura absoluta del cuerpo humano.

10.4 Ecuación del cuerpo humano.

En el inciso 10.3 se demostró que es factible calcular el metabolismo como una función del cambio de entropía por unidad de masa multiplicado por la masa y la temperatura absoluta.

$$Qm = m * d_s * T$$

$$d_s = C_p \int \frac{d_t}{T} = C_p Ln\,(T_2 - T_1)$$

Si hacemos $d_S = fs$ la ecuación de calor del metabolismo del cuerpo humano es la siguiente:

$$Qmet = f_s.m.T$$

Ecuación 10-6

Donde:

f_s: ***factor entrópico*** $\frac{kcal}{kg\ k\ hr}$

m: ***peso de la persona kg***

T: Temperatura corporal k

Esta ecuación será la que describe el comportamiento metabólico del cuerpo humano de acuerdo a la segunda ley de termodinámica.

El metabolismo es función del cambio de entropía multiplicado por la masa y la temperatura absoluta del cuerpo humano.

Si consideramos que todos los humanos tenemos la misma temperatura, un cambio en la temperatura corporal deberá provocar el mismo cambio del factor fs-para todas las personas.

Como consecuencia de la segunda ley se deduce el Enunciado para el cuerpo humano.

> **"Todos los seres humanos experimentan los mismos cambios de temperatura interna por lo tanto tienen el mismo factor f_S"**

Dado que el calor metabólico Q*met* es energía (E_m), la **Ecuación 10-6** podemos escribirla como:

$$Qmet = f_s.m.T$$

$$E_m = f_s\, m\, T$$

Donde E_m es la energía producto del metabolismo.

Capítulo 11
VALORES DE ENERGÍA Y CAMBIO DE ENTROPÍA DEL CUERPO HUMANO

En el capítulo 6 y el inciso 10.4 del Capítulo 10, se determinó que el metabolismo corporal está relacionado con las leyes de termodinámica mediante dos ecuaciones.

De acuerdo a la segunda ley.

$$Qmet = f_s.m.T$$

Y de acuerdo a la primera ley.

$$MB = (m_2 - m_1)U$$

Ambas ecuaciones se han formulado para el cálculo del metabolismo basal. Una está en función de la masa y la temperatura T, mientras que la otra es proporcional a la variación de masa corporal multiplicada por su energía U.

11.1 Calculo de la variación de entropía del cuerpo humano

Como bien hemos explicado, la temperatura corporal tiene cierto margen de variación a lo largo del día. Pero en el caso del metabolismo basal, en ese instante, el cuerpo está en total reposo por lo que se mantendrá su temperatura corporal constante durante ese tiempo. Para poder utilizar la ecuación de la segunda ley se requiere que la temperatura sea constante.

Para que se garantice la temperatura corporal constante se requiere entonces un valor de temperatura inicial (hipotética) que provoque el cambio de entropía necesario para alcanzar dicho valor final.

A continuación, procedemos a calcular el cambio de entropía de una persona.

Como de antemano sabemos que el valor del metabolismo basal es el que le corresponde a Q en la ecuación de la segunda ley.

Hemos tomado como valores indicativos o de referencia, los resultados de una calculadora de metabolismo basal online encontrada en la web.

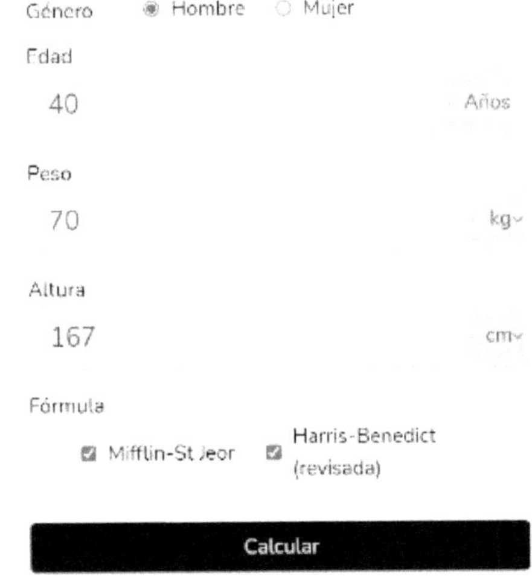

Fórmula de Mifflin-St Jeor:

1548.75 kcal/día

Fuente 111 https://www.calcuvio.com/metabolismo-basal

De la calculadora observamos que, para una persona con un peso de 70 kg de peso, su metabolismo basal es de 1548.75 kcal/día.

Para completar los valores requeridos, consideraremos una temperatura corporal de 36 °C (309.15 k).

Su cambio de entropía para un cambio infinitesimal de temperatura será:

$$dS = \frac{\delta Q}{T}$$

$$\delta Q = 1548.75 \frac{kcal}{dia} * \frac{1}{24 \frac{hs}{dia}} = 64.53 \frac{kcal}{hr}$$

$$ds = \frac{64.53 \frac{kcal}{hr}}{309.65\ k} = 0.20840 \frac{kcal}{hr\ k}$$

Este valor debe coincidir con la ecuación 10.2:

$$\Delta S = S_2 - S_1 = \int_1^2 \frac{\delta Q}{T}$$

Para el uso de esta ecuación requerimos de una temperatura inicial, que lógicamente es menor que la temperatura de 36 °C, a sabiendas que esta última es el resultado del metabolismo de 64.53 Kcal/hr.

Sabemos que $Q = m\ C_p(T_2 - T_1)$ entonces despejando T_1

$$T_1 = T_2 - \frac{Q}{mC_p} = 36°C - \frac{64.53}{(70 * 0.83)} = 36 - 1.11$$
$$= 34.88°C$$

La temperatura inicial equivale a T_1= 34.88 + 273.15 = 308.03K

Calculamos ahora el cambio de entropía:

$$\frac{ds}{m} = fs = C_p \int \frac{D_t}{T} = C_p Ln(\frac{T_2}{T_1})$$

Ecuación 11-1Factor entrópico

$$0.83 \frac{kcal}{kg\ k} * (0.00362941) = 0.003012 \frac{kcal}{kg\ k}$$

Considerando que el calor metabólico es por Kcal/ día o kcal /hr, el factor fs lo debemos expresar en hr para que las unidades sean congruentes.

$$f_s = 0.003012 \frac{kcal}{kg\ k\ \ hr}$$

Calculamos el valor Q del metabolismo basal.

$$Q = m * f_s * T = 70\ kg * 0.003012 \frac{kcal}{hr\ kg\ k} * 309.15k$$

$$= 65.2 \frac{kcal}{hr}$$

$$= 1564.8 \frac{kcal}{dia}$$

Este sería el valor del metabolismo basal utilizando la ecuación para el cambio de entropía. Obviando cualquier variación en los resultados que pueden deberse al valor del metabolismo que hemos tomado de ejemplo o por la cantidad de decimales en las ecuaciones de la segunda ley.

También es importante observar que, en los ejemplos utilizados, el metabolismo basal provoca un cambio de temperatura corporal de 1.1 °C

Este ejercicio lo hemos realizado de forma hipotética, para comprender que existe una temperatura previa en el cuerpo humano que va aumentar de acuerdo a la variación de entropía y así garantizar la temperatura corporal de 36.5 °C.

Podemos decir entonces, que el valor del metabolismo basal varia la temperatura corporal desde un valor inicial hasta un valor final $T_2=T_1+1.1\,°C$

Esto demuestra que el cuerpo humano está generando entropía para mantener su temperatura corporal constante.

De acuerdo a la segunda ley, el cambio de entropía siempre debe ser mayor que cero, por lo tanto, es imposible para el cuerpo humano generar un cambio entropía que dé como resultado una temperatura menor que 36 °C, ya que constituiría una violación a la segunda ley.

Lo único que puede ocurrir en el cuerpo humano es que internamente su temperatura aumente como resultado de las variaciones de entropía del mismo o por las condiciones de temperaturas extremas del medio ambiente.

La única forma que pudiese disminuir la entropía del cuerpo humano seria por condiciones de extremo frio. Pero esta disminución no es resultado de la variación de entropía creada por el cuerpo humano. En este caso lo que sucede es que la temperatura externa podría ser tan baja, que la variación de entropía generada no es lo suficiente para poder mantener los 36°C de temperatura corporal, dado que el flujo de calor aumentaría rápidamente por la alta diferencia de temperatura con el exterior. El resultado es que el cuerpo equilibrará su temperatura con el ambiente externo.

En base a lo anterior podemos concluir que el metabolismo se puede calcular como el producto de la masa (m) por el cambio de entropía (ds) y por la Temperatura absoluta (T).

El factor entrópico para mantener la temperatura en 36°C quedaría así:

$$f_s = C_P \int \frac{Dt}{T} = C_P \ln \left(\frac{T_2}{T_1}\right)$$

$$0.83 \ \frac{kcal}{kg\ k} * (0.00362941)$$

$$= 0.003012 \ \frac{kcal}{kg\ k}$$

Como la temperatura corporal está variando a lo largo del día, de forma general la ecuación del cálculo metabólico del cuerpo humano quedaría.

Para una temperatura corporal de 36.5 °C:

$$Qmet = f_s . m . T = 0.003012 * 24 * (36.5 + 273.15) * m$$

$$Qmet = 22.38 * m \ \left(\frac{kcal}{dia}\right)$$

Ecuación 11-2

Para una temperatura corporal de 37 °C:

$$Qmet = f_s . m . T = 0.003012 * 24 * (37 + 273.15) * m$$

$$Qmet = 22.42 * m \ \left(\frac{kcal}{dia}\right)$$

Ecuación 11-3

En la tabla 11.1 se muestra el metabolismo basal para diferentes pesos.

36.5°C			37°C		
Masa (kg)	Metabolismo Kcal/hr.	Metabolismo Kcal/día	Masa (kg)	Metabolismo Kcal/hr.	Metabolismo Kcal/día
250	233.16645	5595.9948	250	233.54295	5605.0308
240	223.839792	5372.15501	240	224.201232	5380.829568
230	214.513134	5148.31522	230	214.859514	5156.628336
220	205.186476	4924.47542	220	205.517796	4932.427104
210	195.859818	4700.63563	210	196.176078	4708.225872
200	186.53316	4476.79584	200	186.83436	4484.02464
190	177.206502	4252.95605	190	177.492642	4259.823408
180	167.879844	4029.11626	180	168.150924	4035.622176
170	158.553186	3805.27646	170	158.809206	3811.420944
160	149.226528	3581.43667	160	149.467488	3587.219712
150	139.89987	3357.59688	150	140.12577	3363.01848
140	130.573212	3133.75709	140	130.784052	3138.817248
130	121.246554	2909.9173	130	121.442334	2914.616016
120	111.919896	2686.0775	120	112.100616	2690.414784
110	102.593238	2462.23771	110	102.758898	2466.213552
100	93.26658	2238.39792	100	93.41718	2242.01232
90	83.939922	2014.55813	90	84.075462	2017.811088
80	74.613264	1790.71834	80	74.733744	1793.609856
70	65.286606	1566.87854	70	65.392026	1569.408624
60	55.959948	1343.03875	60	56.050308	1345.207392
50	46.63329	1119.19896	50	46.70859	1121.00616
40	37.306632	895.359168	40	37.366872	896.804928
30	27.97000	671.4	30	28.025000	672.6
20	18.653316	447.679584	20	18.683436	448.402464
10	9.326658	223.839792	10	9.341718	224.201232
5	4.663329	111.919896	5	4.670859	112.100616

Fuente Tabla 11-1 Metabolismo basal a temperatura de 36.5°C y 37°C

11.2 Calculo de la energía interna U para el cuerpo humano.

De acuerdo a la segunda ley.

$Qmet = fs.m.T$

Y de acuerdo a la primera ley.

$MB = (m_2 - m_1)U$

Igualando ambas ecuaciones:

$Qmet = MB$

Ecuación 11-4

$f_s\, m_1\, T = (m_2 - m_1)U$

Despejando U.

$$U = \frac{f_s\, T}{(\frac{m_2}{m_1} - 1)}$$

Ecuación 11-5 Energía interna del cuerpo humano

Tomando el ejemplo anterior para una persona de 70 kg de peso, un metabolismo basal de 1564.8 kcal/día (ver valor del inciso 11.1) y una temperatura corporal de 36 °C (309.15 k)

El cambio de entropía será:

$$dS = \frac{1564.8}{309.15} = 5.060\frac{kcal}{k}$$

Calculando el factor fs:

$$f_s = 5.060 \frac{kcal}{dia * k} * \frac{1}{70\ kg} * \frac{1}{24\ \frac{hr}{dia}}$$

$$f_s = 0.003012\ \frac{kcal}{kg\ k\ hr}$$

Conociendo el valor de f_S nos quedaría aun determinar el valor $\frac{m_2}{m_1}$ y así poder calcular el valor de U con **la Ecuación 115 Energía interna del cuerpo humano**

En la ecuación 10.5 de la segunda ley para el cálculo del metabolismo basal podemos observar que el factor f_S multiplica a T y M , por lo tanto, esta energía es función de la masa y proporcional al valor de la temperatura.

$$Qmet = f_S.m.T$$

De acuerdo al enunciado de la segunda ley para el cuerpo humano en el capítulo 10 inciso 10.4:

"Todos los seres humanos experimentan los mismos cambios de temperatura interna por lo tanto tienen el mismo factor fs."

Entonces, si los valores f_S y T son constantes, el valor de la masa m es lo único que varía en esta ecuación y sabiendo que la podemos escribir así:

$$\frac{Mb}{T} = m * f_s$$

El producto m ⋆ fs será el valor de la masa que se convierte en energía.

Introduciendo valores:

$$\frac{Mb}{T} = m * f_s$$

$$= 70kg * 0.003012 \frac{kcal}{kg\ k\ hr}$$

$$= 0.21077 \frac{kcal}{hr\ k}$$

El valor de 0.21077 kg será la fracción de masa que se convierte en energía.

El cuerpo humano no puede crear energía (la energía no se crea ni se destruye) ya tiene un valor intrínseco de U.

De acuerdo a la segunda ley, la entropía es el potencial energético asociado a la temperatura y que puede ceder ese sistema y que se irá degradando conforme interactúe con otros sistemas. La entropía siempre será mayor que cero porque parte de un valor de energía que es producto de su masa y temperatura. Si la temperatura del cuerpo es baja, su potencial energético es menor y no puede producir algún efecto importante en otros sistemas. Si juntamos dos cuerpos uno con un potencial entrópico alto con uno más bajo, el resultado será la disminución del potencial energético de uno y el aumento energético del otro, hasta que alcancen el equilibrio. Entonces el de mayor potencial se degrado y ya nada hará que vuelva a su condición inicial.

Si se mantiene un flujo energético constante como es el caso de un deposito térmico y no permitimos que su temperatura varíe, lo que recibirá un cuerpo de baja temperatura es una fracción del potencial energético de ese depósito y este permanecerá constante, siempre y cuando la temperatura que lo origine también lo sea.

Entonces el cambio de entropía en un deposito térmico es la fracción de energía que entrega cuando entra en contacto con otro cuerpo sin llegar al equilibrio entre ambos.

Al analizar el cuerpo humano como depósito térmico y sistema disipativo, el metabolismo basal se corresponderá a la fracción de masa que se convierte en energía debido a su cambio de entropía. En ausencia de alimentos el cuerpo utiliza sus reservas energéticas convirtiendo masa en energía.

Sabiendo entonces que la variación de la masa debido al metabolismo es de 0.2107 kg, determinamos el valor de m_2:

$$m_2 = m_1 - 0.2107 = 70 - 0.2107 = 69.789kg$$

Introduciendo valores en la **Ecuación 115 Energía interna del cuerpo humano**

$$U = f_s \frac{T}{(\frac{m_2}{m_1} - 1)}$$

$$= 0.003012 * \frac{309.15}{(\frac{69.7892}{70} - 1)}$$

$$= 0.003012 \frac{kcal}{kg\ k\ hr} * \frac{309.15k}{0.003012}$$

$$= 309.15 \frac{kcal}{kg\ hr} * 24\ hr = 7419 \frac{kcal}{kg}$$

$$\boldsymbol{U = 7419 \frac{kcal}{kg}}$$

En base al resultado anterior, a la energía U del cuerpo humano le corresponde un valor de 7419 kcal/kg.

De acuerdo a la literatura relacionada con metabolismo y balance energético se considera que para perder un kg de grasa se requieren 7700 kcal).

Calculamos a continuación el metabolismo basal con la **Ecuación 5-6**

$$Mb = (m_2 - m_1)U$$

$$Mb = (69.7892 - 70) * 7419 = 0.21077kg * 7419 \frac{kcal}{kg}$$

$$Mb = 1563.70 \frac{kcal}{dia}$$

Este valor de metabolismo calculado coincide con el del ejemplo anterior para una persona de 70 kg de peso, un metabolismo basal de 1564.8 kcal/día (ver valor del inciso 11.1)

Como el metabolismo cambia con el peso de cada persona, lógicamente que la cantidad de masa que se convierte en energía también variara en dependencia del individuo.

La energía interna debe permanecer constante independiente del peso de cada persona.

En la tabla a continuación se muestran los valores de U y Δ m para los diferentes pesos corporales.

		T (K)	Variación de masa kg/día		
peso (kg)	0.003012	309.15	Δm (kg)	(kg)	U (kcal/ kg
250	0.003012	309.15	0.75275	249.24725	7419.6
240	0.003012	309.15	0.72264	239.27736	7419.6
230	0.003012	309.15	0.69253	229.30747	7419.6
220	0.003012	309.15	0.66242	219.33758	7419.6
210	0.003012	309.15	0.63231	209.36769	7419.6
200	0.003012	309.15	0.6022	199.3978	7419.6
190	0.003012	309.15	0.57209	189.42791	7419.6
180	0.003012	309.15	0.54198	179.45802	7419.6
170	0.003012	309.15	0.51187	169.48813	7419.6
160	0.003012	309.15	0.48176	159.51824	7419.6
150	0.003012	309.15	0.45165	149.54835	7419.6
140	0.003012	309.15	0.42154	139.57846	7419.6
130	0.003012	309.15	0.39143	129.60857	7419.6
120	0.003012	309.15	0.36132	119.63868	7419.6
110	0.003012	309.15	0.33121	109.66879	7419.6
100	0.003012	309.15	0.3011	99.6989	7419.6
90	0.003012	309.15	0.27099	89.72901	7419.6
80	0.003012	309.15	0.24088	79.75912	7419.6
70	0.003012	309.15	0.21077	69.78923	7419.6
60	0.003012	309.15	0.18066	59.81934	7419.6
50	0.003012	309.15	0.15055	49.84945	7419.6
40	0.003012	309.15	0.12044	39.87956	7419.6
30	0.003012	309.15	0.0897	29.9103	7419.6
20	0.003012	309.15	0.06022	19.93978	7419.6
10	0.003012	309.15	0.03011	9.96989	7419.6
5	0.003012	309.15	0.015055	4.984945	7419.6

Fuente Tabla 112 Variación de masa corporal y valor de energía para diferentes pesos.

De acuerdo a los valores de la tabla anterior, podemos observar lo siguiente:

El cuerpo humano para mantener su metabolismo basal inevitablemente debe convertir parte de su masa en energía.

La variación de masa Δ m de la **Tabla 11-2** es la mínima que se requiere para garantizar el metabolismo basal. Si nos mantenemos en ayunas y aun así realizamos otras actividades (correr, caminar, nadar, etc.) el metabolismo corporal deberá aumentarse y por ende la masa a convertir en energía será proporcional a la necesidad energética del momento.

El metabolismo corporal siempre e inevitablemente trae consigo variación de masa corporal, ya sea aumentando de peso cuando hay exceso de alimentos o disminuyéndolo cuando hay escases de los mismos.

11.3 Obesidad y su relación termodinámica.

El sobrepeso y la obesidad se definen como una acumulación anormal o excesiva de grasa que puede ser perjudicial para la salud. Existe un estándar prefijado del contenido de grasa que debe tener una persona según su peso, altura, edad y sexo. Si nos desviamos de estos valores por encima de los predefinidos, pasamos de tener un peso normal a estar en sobrepeso y llegar hasta la obesidad.

El mundo necesita acciones urgentes y coordinadas para plantar cara a la obesidad. De acuerdo (world-obesity-atlas, 2022) **“mil millones de personas en todo el mundo, incluyendo 1 de cada 5 mujeres y 1 de cada 7 hombres, vivirán con obesidad para 2030”.**

Una forma simple de medir la obesidad es el índice de

masa corporal (IMC). Se calcula dividiendo el peso de una persona en kilogramos por el cuadrado de la talla en metros.

> Según (OMS, 2021) Un IMC elevado es un importante factor de riesgo de enfermedades no transmisibles, como las siguientes:
>
> las enfermedades cardiovasculares (principalmente las cardiopatías y los accidentes cerebrovasculares), que fueron la principal causa de muertes en 2012; la diabetes; los trastornos del aparato locomotor (en especial la osteoartritis, una enfermedad degenerativa de las articulaciones muy discapacitante), y algunos cánceres (endometrio, mama, ovarios, próstata, hígado, vesícula biliar, riñones y colon).
>
> El riesgo de contraer estas enfermedades no transmisibles crece con el aumento del IMC.
>
> La obesidad infantil se asocia con una mayor probabilidad de obesidad, muerte prematura y discapacidad en la edad adulta. Sin embargo, además de estos mayores riesgos futuros, los niños obesos sufren dificultades respiratorias, mayor riesgo de fracturas e hipertensión, y presentan marcadores tempranos de enfermedades cardiovasculares, resistencia a la insulina y efectos psicológicos.

Al problema de la obesidad confluyen sin duda diversos factores determinantes exógenos, como son el consumo de alimentos y bebidas de alta densidad energética, sedentarismo, bajo consumo de frutas y verduras, etc.

No podemos obviar los condicionantes ambientales como un nivel sociocultural y/o socioeconómico bajo, o entorno desfavorecido, y otros aspectos del entorno que directa o indirectamente influyen sobre las conductas alimentarias.

También hay una predisposición genética de la persona a la respuesta fisiológica del organismo a la actividad física. Existen fallos en el equilibrio de los procesos moleculares y en la armonía de funcionamiento de los distintos centros reguladores del hambre, apetito y saciedad, lo que implica cada vez más la necesidad de una personalización del problema.

La incidencia principal en este problema es un exceso en los aportes de energía, sumado a esto la disminución del gasto energético relacionado con las actividades humanas.

Desde el punto de vista de la termodinámica nuestro afán para terminar con este problema es lograr un mejor equilibrio entre ingreso y demanda “balance energético, BE”.

11.4 Porque engordamos?

Podemos responder a esta pregunta, analizando cada ecuación de la termodinámica, cada ley aporta una parte al todo, dado que cada una es un enunciado especifico que describe una relación especifica. La primera ley define la conservación de la energía y la segunda define la degradación de la energía con el concepto de entropía.

De acuerdo a la primera ley para un sistema abierto.

$$Q - W + \sum_{in} m_{in}(hi)in - \sum_{out} m_{out}(ho)out = \Delta U_{sistemas}$$

Si (m2 – ml) = 0. No habría variación de masa en el cuerpo y como los valores de energía son constantes el término del lado derecho de la ecuación se hace 0. Es decir:

$$\Delta Usistema = (m2U2\text{-}m1U1) = 0$$

La ecuación podemos escribirla así:

$$Q + \sum_{in} m_{in}(h)in = \sum_{out} m_{out}(h)out + W$$

De esta manera la ecuación reflejaría un balance energético perfecto, y seria aquel en el que Δ m=0 y toda la ingesta calórica (lado derecho de la ecuación) seria exactamente igual a todo el gasto de energético debido a las actividades (lado izquierdo).

Actualmente, poder llevar un control tan exacto para lograr que Δ m=0 no ha sido posible. Lo que normalmente ocurre es que:

Δ m>0 se traduce en un aumento de peso

Δ m<0 significa una disminución en el peso.

Dado que siempre debe haber variación de la masa corporal, el termino en la ecuación 5.2 no lo podemos eliminar y se debe de tener en cuenta en todo balance térmico.

$$Q - W + \sum_{in} m_{in}(hi)in - \sum_{out} m_{out}(ho)out = \Delta U_{sistemas}$$

Entonces, basados en la ecuación de la primera ley, podremos comprender que la proporción de alimentos que ingerimos y en cantidades exageradas es lo que inevitablemente nos está llevando a la epidemia de obesidad que estamos afrontando mundialmente.

Al final del día la Δ m>0. Esto puede deberse a:

Comemos en grandes cantidades y todo de una vez sin llevar un control de calorías consumidas. Nuestros ancestros comían de una vez por una necesidad de supervivencia ya que no sabían cuantos días pasarían sin encontrar alimentos. El cuerpo cumplía con su función de almacenar los excesos, si es que los habían.

Hoy en día no necesitamos comer de una vez porque hay más acceso (sin obviar aquellos lugares donde sabemos que existen grandes carencias) a la alimentación. Debemos comer basados en las calorías que debemos reponer. A manera de ejemplo, si una persona requiere de 1540 kcal/ día que equivalen a 64.16 kcal/ hr, debería controlar su ingesta de acuerdo a este valor. Es decir, si en su desayuno decidió comerse un helado cuyo valor calórico es de 200 kcal, esta persona tiene energía para 200kcal/64.16 kcal/hr = 3 horas. Por ende, debería de comer 3 horas después. ¿Pero qué es lo que hace normalmente? Después de este postre procede con su almuerzo de hasta 500 kcal con lo que tendría energía por 8 horas más, llegado este tiempo ya cumplió con su día normal y es hora de dormir por lo que ya no requerirá más energía, pero indudablemente va por una cena porque tiene a su cuerpo acostumbrado a eso, aunque esa energía ya no la necesite. Esa energía adicional inevitablemente se va a acumular. Este procedimiento que hemos puesto a manera de ejemplo ocurre con todas las personas, con todo tipo de alimento y todos los días.

Hagamos una analogía de nuestro consumo energético usando como referencia el gasto de combustible de un vehículo. Cuando vamos a viajar llenamos el combustible de acuerdo a la distancia a recorrer y lo reponemos siempre de acuerdo a la cantidad de Km requeridos. Podemos hacer lo mismo, llenemos nuestro tanque de acuerdo a las calorías que requerimos en el tiempo que estaremos activos.

Los tipos de alimentos que ingerimos provocan que estemos en sobrepeso. Los carbohidratos refinados que abundan en la mayoría de las comidas son los principales causantes de obesidad, debido a que el organismo los asimila rápidamente, y si no se va a utilizar toda esa energía, se va a depositar en forma de grasa.

El valor en energía de un gramo de carbohidrato es de 4 cal/gr y ya almacenada se convierte en caloría corporal cuyo valor es de 7.4 cal/kg. Por esta razón, cuando subimos de peso al consumir determinada cantidad de calorías de los alimentos en un día, vamos a requerir hasta tres días para perderlo. En el proceso de adquirir la energía el cuerpo es más eficiente, está diseñado para absorber y metabolizar inmediatamente todo lo que consume. El proceso inverso o de gasto de energía es más lento porque el organismo por naturaleza ahorra energía para garantizar la vida.

La masa que se pierde varia con el peso por ello no todas las personas bajan de peso de igual manera. Una persona con alto índice de masa grasa corporal requerirá más tiempo en perder peso, que una persona con poco exceso de grasa.

Los alimentos en forma sólida, independientemente si son carbohidratos, proteínas y grasas en exceso provocan que la Δ m>0. Alimentos en forma líquida (batidos) ralentizan la acumulación masa corporal, ayudan a sentirse saciado y fomentan la perdida de grasa.

El valor de Δ m de la tabla 11.2 servirá como referencia para que cada persona de acuerdo a su peso, pueda controlar la cantidad de energía que necesita consumir ya sea para bajar o mantenerse en su peso.

Por ejemplo, una persona de 70 kg, si ayuna completamente y no tiene ninguna actividad adicional, durante un mes habrá perdido 0.21 kg/día * 30 días = 6 kg de peso.

De acuerdo a la segunda ley.

$$Qmet = f_s . m . T$$

Engordamos también porque permanecemos la mayor parte de nuestro tiempo inactivos. Para poder perder peso necesitamos aumentar el gasto de *Qmet*. La única forma de aumentar el valor del metabolismo es aumentando la temperatura corporal. Al aumentar el valor de la tasa metabólica el gasto de la masa corporal será mayor.

No hay manera de bajar de peso sin incrementar la temperatura corporal, por eso entre más envejecemos y nos ejercitemos menos inevitablemente iremos subiendo en peso. El cuerpo requiere actividad física diaria esa es su naturaleza, estar activo, estar en movimiento.

El metabolismo será mayor si en el ambiente la temperatura es baja (en un país frio esta temperatura puede ser de hasta 16 °C). Perdemos mayor peso a menor temperatura ambiente.

Es difícil bajar de peso en climas tropicales. Las calorías a consumir en estos países deben ser menores a las calorías recomendadas en la literatura actual.

La temperatura ambiente en países calientes o tropicales producen efectos nocivos en el cuerpo humano, debido a que, a temperaturas ambientales mayores de 36 °C, hacen que el calor metabólico no se pueda disipar con facilidad provocando la sudoración intensa e incluso se pueden llegar a producir golpes de calor.

Concluimos entonces, basados en las dos leyes de la termodinámica, que las únicas maneras de perder peso corporal son:

1. Consumir menos alimentos.
2. Acelerar el metabolismo incrementando la temperatura corporal, mediante actividad fisica
3. Ambas a la vez.
4. Permanecer en clima frio

Las variaciones de masa corporal deberán de calcularse mediante las ecuaciones de balance energético. Necesitamos de la primera ley de la termodinámica.

La energía interna U del cuerpo humano es constante e igual para todos los pesos.

Capítulo 12
CAMBIO DE ENTROPÍA Y SUS EFECTOS

Hasta aquí hemos calculado el cambio de entropía del cuerpo humano considerando una variación de temperatura de un grado centígrado, con lo que determinamos el metabolismo basal y la energía U.

> El cuerpo humano necesita mantenerse dentro de un estrecho margen de temperatura que abarca alrededor de un grado y medio para funcionar correctamente. Fuera de ese rango, las neuronas se ralentizan y los músculos y órganos funcionan con menos eficacia. Incluso las proteínas de las células pueden verse afectadas. Así que el cuerpo se esfuerza por mantenerse a una temperatura segura desarrollando actividades como la sudoración durante el calor o la contracción de los vasos sanguíneos durante el frío. (NATIONAL GEOGRAPHIC, 2022)

En el capítulo 8 explicamos como la temperatura del cuerpo humano está variando a lo largo del día por diferentes factores. Ese incremento de temperatura constituye una variación de entropía o gasto de energía mientras dure el tiempo en que el cuerpo se mantenga en esa condición. Pasado este tiempo el organismo regresa a su temperatura inicial.

Por ejemplo: Una persona con fiebre. Todos sabemos que la fiebre es un aumento temporal de la temperatura corporal como una respuesta general del sistema inmunitario del cuerpo. Por lo general, se debe a una infección y se produce cuando el cuerpo aumenta su temperatura unos grados por encima de lo normal, lo que se cree que mata a algunos tipos de microbios y ayuda al sistema inmunitario a trabajar más rápido.

La fiebre forma parte de las reacciones que tiene el cuerpo contra alguna infección y ocurre como un mecanismo de defensa debido a que la mayoría de los virus y bacterias sobreviven mejor a 37°C. (actuamed, 2021)

La mayoría de estas bacterias y virus sobreviven bien cuando su cuerpo está a su temperatura normal. Pero si tiene fiebre, es más difícil para ellos sobrevivir.

El ejemplo anterior nos sirve para comprender como ocurren estas variaciones internas de temperatura, y no necesariamente pueden deberse a una fiebre, también inciden: los deportes extremos, algunos tipos de medicamentos y hasta las condiciones del medio externo.

12.1 Variación de la entropía del cuerpo humano a diferentes temperaturas.

A cada incremento de temperatura corporal, le corresponde una variación de su entropía y a su vez esto incide en el aumento de la energía del metabolismo basal.

Por tanto, existe un valor constante de que hará incrementar el metabolismo basal conforme aumente su temperatura corporal.

Vamos a considerar una temperatura corporal constante de 36.5 °C.

El cambio de entropía (factor entrópico) para una variación de temperaturas de 0.5 °C y 1.01 °C serán los siguientes:

El factor metabólico para un cambio de 0.5 °C quedaría así:

$$fs = C_P \int \frac{Dt}{T} = C_P \ln\left(\frac{T_2}{T_1}\right)$$

$$= 0.83 \frac{kcal}{kg\ k} * Ln\left(\frac{37.047 + 273.15}{36.5 + 273.15}\right)$$

$$= 0.83 \frac{kcal}{kg\ k} * (0.001764)$$

$$= 0.0015 \frac{kcal}{kg\ k}$$

El factor metabólico para un cambio de 1 °C quedaría así:

$$fs = C_P \int \frac{Dt}{T} = C_P \ln\left(\frac{T_2}{T_1}\right)$$

$$= 0.83 \frac{kcal}{kg\ k} * (0.00362941)$$

$$= 0.003012 \frac{kcal}{kg\ k}$$

En la tabla s podemos ver los valores de *fs* con la variación de temperatura.

$C_p\, Ln\,(\frac{T_2}{T_1})$	Incremento de 0.5 °C	Incremento de 1 °C
Factor entrópico	0.001500 kcal/kg k	0.0030 kcal/kg k

Para conocer cómo se comporta el metabolismo a temperaturas mayores que la normal, deberemos de sumar al valor inicial del metabolismo basal que corresponde a la temperatura normal de 36°C, los incrementos en correspondencia a los cambios de temperatura corporal. Este valor inicial corresponde al metabolismo basal calculado anteriormente e indicado en la tabla 11.1.

Por ejemplo, una persona de 70 kg de peso y temperatura de 36 °C y tenga un incremento de temperatura de 0.5 o 1 °C, sus valores en el incremento del metabolismo serán respectivamente:

$$Mb=36.5\,°C=Mb36°C+Imb\ 0.5°C$$

$$= 64.8\frac{kcal}{hr} + 70 * 0.0015\frac{kcal}{kg\ k} * 309.64k$$

$$= 64.8 + 32.51$$

$$= \mathbf{97.31\ kcal}$$

$$\boldsymbol{Mb = 37°C = Mb36°C + Imb\ 1°C}$$

$$= 64.8\frac{kcal}{hr} + 70 * 0.0030\frac{kcal}{kg\ k} * 309.65k$$

$$= 64.8 + 65.0$$

$$= \mathbf{129.8\ kcal}$$

Donde Mb: metabolismo a la temperatura de 36°C

Imb: incremento de metabolismo por variación de temperatura

Estos valores 0.0015 - 0.0030 kcal/kg k, serán constantes e iguales para todas las personas, es decir siempre que se incremente en 1 °C o 0.5 °C la temperatura corporal, el metabolismo basal se incrementara en:

$$\left(0.0015\frac{kcal}{kg\ k}\right) * m * T \text{ ó } \left(0.0030\frac{kcal}{kg\ k}\right) * m * T$$

según sea el caso.

Para el ejemplo anterior estos valores resultaron 32.5 y 65 kcal/hr respectivamente.

Podemos elegir cualquier temperatura corporal inicial del cuerpo humano y a partir de ella obtener los cambios de metabolismo de acuerdo a la variación de la temperatura.

Para nuestro estudio, consideraremos que la temperatura del cuerpo humano está variando entre 36 y 37 °C. Por tanto, estamos hablando de un cambio de la temperatura en 1 °C, entonces el valor del factor entrópico será de:

$$f_s = 0.0030\frac{kcal}{kg\ k}$$

Para una persona de 70 kg su metabolismo a 37 °C será:

$$f_s = 0.0030\frac{kcal}{kg\ k}$$

$$mb = m * f_s * T$$

$$= 70kg * 0.0030 \frac{kcal}{hr\ kg\ k} * 310.15k = 64.5 \frac{kcal}{hr}$$

$$= 1563\ \frac{kcal}{dia}$$

Conociendo los factores para el cálculo de las variaciones de entropía, procedemos a elaborar la tabla 12.1 donde se indican los valores del metabolismo corporal a diferentes temperaturas.

peso (kg)	Mb Kcal/dia	Mb kcal/hr	TEMPERATURAS °C						
		37	37.5	38	38.5	39	39.5	40	40.5
250	5582.7	232.6125	348.9188	465.225	581.5313	697.8375	814.1438	930.45	1046.756
240	5359.392	223.308	334.962	446.616	558.27	669.924	781.578	893.232	1004.886
230	5136.084	214.0035	321.0053	428.007	535.0088	642.0105	749.0123	856.014	963.0158
220	4912.776	204.699	307.0485	409.398	511.7475	614.097	716.4465	818.796	921.1455
210	4689.468	195.3945	293.0918	390.789	488.4863	586.1835	683.8808	781.578	879.2753
200	4466.16	186.09	279.135	372.18	465.225	558.27	651.315	744.36	837.405
190	4242.852	176.7855	265.1783	353.571	441.9638	530.3565	618.7493	707.142	795.5348
180	4019.544	167.481	251.2215	334.962	418.7025	502.443	586.1835	669.924	753.6645
170	3796.236	158.1765	237.2648	316.353	395.4413	474.5295	553.6178	632.706	711.7943
160	3572.928	148.872	223.308	297.744	372.18	446.616	521.052	595.488	669.924
150	3349.62	139.5675	209.3513	279.135	348.9188	418.7025	488.4863	558.27	628.0538
140	3126.312	130.263	195.3945	260.526	325.6575	390.789	455.9205	521.052	586.1835
130	2903.004	120.9585	181.4378	241.917	302.3963	362.8755	423.3548	483.834	544.3133
120	2679.696	111.654	167.481	223.308	279.135	334.962	390.789	446.616	502.443
110	2456.388	102.3495	153.5243	204.699	255.8738	307.0485	358.2233	409.398	460.5728
100	2233.08	93.045	139.5675	186.09	232.6125	279.135	325.6575	372.18	418.7025
90	2009.772	83.7405	125.6108	167.481	209.3513	251.2215	293.0918	334.962	376.8323
80	1786.464	74.436	111.654	148.872	186.09	223.308	260.526	297.744	334.962
70	1563.156	65.1315	97.69725	130.263	162.8288	195.3945	227.9603	260.526	293.0918
60	1339.848	55.827	83.7405	111.654	139.5675	167.481	195.3945	223.308	251.2215
50	1116.54	46.5225	69.78375	93.045	116.3063	139.5675	162.8288	186.09	209.3513
40	893.232	37.218	55.827	74.436	93.045	111.654	130.263	148.872	167.481
30	669.924	27.9135	41.87025	55.827	75.436	83.7405	103.3495	111.654	131.263
20	446.616	18.609	27.9135	37.218	46.5225	55.827	65.1315	74.436	83.7405
10	223.308	9.3045	13.95675	18.609	23.26125	27.9135	32.56575	37.218	41.87025
5	111.654	4.65225	6.978375	9.3045	11.63063	13.95675	16.28288	18.609	20.93513

Fuente Tabla 12-1 Valores metabólicos a diferentes temperaturas.

Si no se tiene a mano la **Tabla 12.1 Valores metabólicos a diferentes temperaturas.** Una manera rápida para calcular el metabolismo a cualquier temperatura seria con la siguiente formula:

$$Mb(T_2) = (n\,^{\circ}c) * Mb(T_1)$$

Ecuación 12-1 Metabolismo a diferentes temperaturas.

Donde n corresponde a la suma de los grados que ha aumentado la temperatura corporal partiendo de los 37 °C.

Por ejemplo, para una persona con un peso de 80 kg deseamos conocer el cambio de su metabolismo a una temperatura de 39°C.

Para este caso, el incremento en grados °C desde 37 a 39 tendrá un valor de $n = 3$

$$Mb\,39 = (3) * 74.18\frac{kcal}{hr} = \mathbf{222.54}\frac{\boldsymbol{kcal}}{\boldsymbol{kg}}$$

Capítulo 13
EL SER HUMANO ENERGÍA, MATERIA Y VIDA CONSCIENTE.

Hemos llegado al último capítulo de este libro donde hemos determinado las ecuaciones que rigen el comportamiento energético del ser humano desde el punto de vista de la termodinámica. Hemos visto que las dos leyes son aplicables y ambas se entrelazan, sabiendo que para que un proceso se cumpla deben cumplirse las dos al mismo tiempo.

La característica principal y muy importante para este estudio, es el carácter de depósito térmico que le hemos dado al cuerpo humano para que la definición de entropía de la segunda ley de la termodinámica coincida con exactitud a lo que realmente es el comportamiento del ser humano.

Somos un deposito térmico, pero en pequeña escala generando entropía con el día a día, la suficiente para vivir determinado tiempo.

Entonces, después de todos estos análisis solo nos queda reflexionar ¿qué somos?, podríamos responder esta pregunta solo con las leyes de termodinámica? ¿Es una trampa el balance energético? ¿Podemos profundizar aún más el conocimiento de nuestro comportamiento energético? Siempre existirán dudas sin aclarar, siempre habrá algo que estudiar.

Somos parte de este universo y el mismo; existe, funciona y evoluciona con energía.

También el universo es materia, todo lo que existe, lo que es, lo que ocupa un lugar en el espacio es materia.

Y ya lo demostró Einstein con su "principio de equivalencia de la masa y energía" la materia es energía.

Para los cuerpos que poseen masa, la masa y la energía está entrelazadas no puede haber masa sin energía. Si puede haber energía sin masa, como la de la luz, pero no masa sin energía.

Para que la energía sea útil, tiene que haber una diferencia de potencial, un desequilibrio, si no hay desequilibrio es energía solo en cantidad y no en calidad.

La energía en calidad es más útil para todos ya que es la que es capaz de producir un efecto, la que es capaz de que el sol nos esté iluminando cada día.

Si el sol y la tierra estuviesen en equilibrio tendrían energía de cantidad y no de calidad por lo que no habría vida. La vida surge por la energía en desequilibrio, claro que esto no ocurrió de la noche a la mañana, tuvieron que pasar millones de años.

En el principio toda la materia estaba a igual temperatura (la mayor temperatura que pudo haber existido) y luego con la expansión del universo este se fue enfriando, pero no toda la materia lo ha hecho de manera uniforme. Unos se han enfriado más rápido que otros. Durante este enfriamiento se va creando materia que ya trae unida su respectiva energía. Toda materia tiene energía intrínseca desde los orígenes del universo.

El ser humano es materia y energía como el universo. Somos parte de este universo y evolucionamos miles de años después de su origen, entonces no podemos ser diferentes de él. Lo que, si nos diferencia de él, es su tiempo, nuestro tiempo no significa nada en el tiempo del universo.

El hombre es materia visible, pero existe también materia que no vemos, pero es detectable cito:

> "...........Por la radiación X emitida en su frontera de sucesos descubrió la Ciencia la existencia de los agujeros negros y otras fuentes energéticas, la materia oscura distribuida por todo el Universo y existente en cada galaxia. Por tanto, la materia puede formar enormes conglomerados compactos en espacios reducidos junto a galaxias, estrellas y planetas distribuidos por todo el espacio. A escalas más pequeñas, incluso también existen tenues estructuras de contenido biológico que conforman los seres vivos. Somos pues materia ordinaria del Universo y podemos analizarla. (siempremexico, 2022)
>
> La vida emergió en el planeta y evolucionó hacia una inmensa complejidad, como resultado de un proceso de cientos de millones de años, requiriendo para ello de un gran número de pasos que implican un procesamiento de la información para transformarse. Un organismo vivo lleva inmersa en él, mientras vive, los productos de una compleja y convulsa historia de la cual somos el resultado. Materia pues que lleva dentro una extraña energía, en parte ajena a las leyes de la física, que aún persiste en el planeta y que sigue acumulando información que servirá a la vida venidera. (Conde, 2020)

El ser humano al evolucionar, fue consecuencia de su propia condición medioambiental, en este caso, de la energía solar que impacta directamente sobre el planeta tierra. Los seres vivos aprendieron en millones de años a consumir, utilizar y gestionar esta energía. El ser humano al igual que el universo, trae energía intrínseca, trae energía como parte de la materia, tiene energía de calidad porque es energía en desequilibrio.

13.1 El ser humano es materia, energía, e inteligencia propia.

> Por definición: Un ser vivo es un organismo de alta complejidad que nace, crece, alcanza la capacidad para reproducirse y muere. Estos organismos están formados por una gran cantidad de átomos y de moléculas que constituyen un sistema dotado de organización y en constante relación con el entorno.
>
> Existen varias características que permiten diferenciar a un ser vivo de aquello que está sometido a la inercia. La organización (a partir de las células, que son sus entidades primordiales), la homeostasis (el equilibrio que existe en su interior), el metabolismo (la conversión de energía en nutrientes), la irritabilidad (respuesta ante estímulos exteriores), la adaptación (las especies vivas evolucionan para adaptarse al ambiente), el desarrollo (incremento de tamaño) y la reproducción (la capacidad de generar copias parecidas del mismo organismo, ya sea sexualmente o asexualmente) son algunas de las propiedades de los seres vivos. (J, 2021)

La persona humana como ser vivo tiene muchas características similares con los demás seres vivos, pero empezó a cambiar porque dejo de hacer muchas cosas que ellos todavía hacen. Quizás su estructura anatómica le permitió realizar nuevas acciones que talvez otros animales estaban impedidos de hacer por su misma anatomía.

Si tratamos de imaginar al ser humano hace seis millones de años conviviendo entre todas las especies que existían en ese momento, podríamos darnos cuenta que tenía que haber actuado como los demás seres vivos; luchando entre ellos por obtener alimentos, huyendo de los depredadores más fuertes que él, buscar refugio en tiempos de extremo calor o sufriendo las inclemencias del frio, muriendo por enfermedades que no podrían nunca explicarse, buscando agua y alimentos durante grandes migraciones, etc. Nada de eso ha cambiado para todos los seres vivos, siguen en su afán de la supervivencia. Pero el hombre fue el único de los seres vivos que evoluciono su cerebro, este es cuatro veces más grande que el cerebro del mono más grande.

> "La evolución humana es como se denomina al proceso histórico y progresivo de cambio biológico del ser humano. Comenzó hace entre cinco y siete millones de años, con el nacimiento del ancestro común entre el ser humano y el chimpancé.
>
> Cabe señalar que en la prehistoria habitaron en el planeta Tierra algunas especies que actualmente están extintas pero que, según han averiguado los investigadores, presentaban muchos parecidos a nivel físico, biológico y comportamental.
>
> Australopithecus: fueron los primeros primates que caminaron erguidos. Debido al cambio climático se vieron obligados a empezar a cazar, abandonando la dieta vegetariana que seguían hasta entonces.
>
> Homo habilis: su origen se remonta a hace dos millones de años y su principal característica es la capacidad para desarrollar herramientas de piedra.

En lo que respecta a su capacidad craneal, era de 800 centímetros cúbicos. En la actualidad, la capacidad craneal del Homosapiens es de 1.200 centímetros cúbicos de media para los adultos.

Homo ergaster: fue la primera especie humana que salió del continente africano y conquistar otros territorios. Esto le hizo ser el eslabón de las dos especies que estaban por venir: el Homo antecesor en Europa y el Homo erectus en Oriente.

Homo antecessor: fue el primer eslabón humano en Europa. Su estatura era superior a la de sus antecesores, aunque el cerebro continuaba siendo pequeño.

Homo erectus: se extinguió hace 300.000 años y habitó en Asia. Fabricó numerosas herramientas de piedra, y también cocinaba los alimentos al fuego. Se dieron grandes cambios en su musculatura y en su sistema digestivo, y también desarrolló un lenguaje articulado.

Homo rhodesiensis: nació en África y su capacidad craneal oscilaba entre los 1.280 y 1.325 centímetros cúbicos. Es el antecesor directo del Homo sapiens.

Homo sapiens: y, finalmente, el Homo sapiens, el humano moderno". (manzanas, 2021)

La evolución del hombre lo llevo a adquirir raciocinio e inteligencia. A aprender de sí mismo y de todo lo que le rodea, aprender a socializar, a crear el lenguaje, a proveerse su propio alimento y cuidar de su salud.

Podemos definir al cuerpo humano como: un ser vivo, un ser en sí mismo, con pensamiento e inteligencia propia, cuya principal característica es la capacidad de racionamiento y aprendizaje. Que puede autorregularse, adquiere su propia energía, que funciona por sus propios medios, que interactúa con la naturaleza y quiere comprenderla porque de ello depende su supervivencia.

13.2 Las leyes de termodinámica para comprender las propiedades observables del cuerpo humano y sus variaciones.

Hemos incorporado las leyes de la termodinámica al estudio del cuerpo humano considerando a la persona como un sistema abierto ya que intercambia materia y energía con el medio que le rodea y a la vez como un sistema disipativo ya que a través de su metabolismo está variando la entropía interna del mismo.

Hemos visto que las variaciones en sus propiedades macroscópicas pueden ser explicadas utilizando las leyes de la termodinámica, y cada ley aporta una parte al todo, dado que cada una es un enunciado especifico que describe una relación especifica. La primera ley define la conservación de la energía y la segunda define la degradación de la energía con el concepto de entropía.

La primera ley puede servirnos como instrumento predictivo para los análisis de los procesos que implican cambios en la temperatura, la transformación de la energía, y las relaciones entre calor y trabajo.

El segundo principio de la termodinámica nos servirá para determinar los valores de las variaciones que ocurren en el metabolismo en función de las variaciones en la temperatura del cuerpo, conociendo el valor de una cierta magnitud que está en función de dichos parámetros, llamada entropía.

Es importante reconocer que el ser humano es un sistema interactivo y complejo, un cambio en uno de sus componentes puede afectar uno o más componentes, así mismo, las variables pueden verse afectadas por la genética, la biología y el medioambiente.

A través de la termodinámica, como herramienta analítica de los fenómenos que ocurren en el cuerpo humano desde el punto de vista de las relaciones de materia y energía, podemos identificar los siguientes comportamientos:

1. La masa, el volumen, la edad y altura pueden variar de un tipo de persona a otra a excepción de la temperatura que es igual para todos los seres humanos.
2. Una de las funciones primordiales del metabolismo es mantener la temperatura corporal constante. Independientemente de las condiciones extremas de hambre se activarán los mecanismos correspondientes para garantizar la temperatura constante.
3. El metabolismo basal es la energía que garantiza la temperatura mínima corporal constante, cualquier actividad adicional que realice el cuerpo humano traerá como consecuencia un cambio (incremento) en su temperatura y a su vez, en su metabolismo.
4. El metabolismo tiene una tasa máxima de generación que depende de cada individuo y esta no puede mantenerse indefinidamente porque

pueden ocurrir riesgos en sus procesos químicos internos que pueden llevar a la muerte. Por ejemplo: al estar expuesto demasiado tiempo en un ambiente de frio extremo, llegara un momento en el que la tasa de calor generada será rebasada por la alta diferencia de temperaturas, y entonces, el cuerpo humano se equilibrara con el ambiente frio. También ocurre a la inversa en el caso de extremo calor.

5. Todo cuerpo humano opera como un deposito térmico a temperatura constante disipando calor indefinidamente.
6. El cuerpo humano actúa como un sistema disipativo convirtiendo masa en energía.
7. El calor disipado es el correspondiente al cambio de entropía del cuerpo. Por lo tanto, el metabolismo es una fracción de la energía total que tiene el cuerpo humano y que se emite al ambiente.
8. El cuerpo humano tiene energía y crea la entropía. La energía no se puede crear. El cambio de entropía es constante y permanecerá constante mientras el organismo reponga los gastos de cada día. Si no se puede reponer el gasto, el cuerpo lo seguirá creando hasta agotar la masa del cuerpo, de modo que el cambio de entropía siempre tiene que ser mayor que cero.
9. Como el cambio de entropía de un deposito térmico no puede ser menor que cero, cuando se agote la masa del cuerpo este alcanzará su valor de entropía máxima y será aquel en el

cual estará en equilibrio con su medio externo extinguiéndose la vida.

10. El cuerpo humano este compuesto entre un 60 a 65% de su peso en agua. Una persona de 70 kg tiene más de 45 litros. El agua es importante para garantizar el equilibrio térmico por su alto calor especifico. Gracias a ello podemos soportar grandes cambios de temperatura. El cuerpo no puede vivir sin agua más de 3 a 5 días. A partir de un determinado momento, el cuerpo sería incapaz de realizar sus funciones básicas, debido a la falta de este elemento natural.

11. El metabolismo y la temperatura están en relación directa y se acoplan para hacer frente a los cambios que podría experimentar el cuerpo de acuerdo a las variaciones de las condiciones tanto externas (medio ambiente) como internas (fiebre) y ajustarlos a los parámetros requeridos para el perfecto funcionamiento de las hormonas del cuerpo humano, las cuales funcionan como mensajeras que se transportan a través del torrente sanguíneo a los tejidos y órganos, y controlan la mayoría de los principales sistemas de nuestro organismo.

12. El cuerpo humano tiene como función primordial conservar la vida. Existen varios mecanismos para lograr este fin y son: la respiración, el comer, el beber, dormir o descansar, desechar productos que no se pueden digerir, el metabolismo y la temperatura corporal, entre otros.

13. El cuerpo requiere energía para funcionar, para pensar, para poder estar vivo; la cual se obtiene

de los alimentos ingeridos, a través del metabolismo que es el conjunto de reacciones químicas que tienen lugar en el organismo para utilizarla; en el mantenimiento de las células, en la síntesis de nuevas estructuras y mantener en un valor constante la temperatura corporal. La energía interna se considera una magnitud extensiva, es decir, relacionada con la cantidad de materia en un sistema de partículas determinado. Pues comprende la totalidad de otras formas de energía eléctrica, cinética, química y potencial contenida en los átomos de una sustancia determinada.

14. Según la primera ley, el efecto del metabolismo trae como consecuencia una variación de masa mientras la "energía interna U" permanece constante. Para una persona en ayuno esta variación significaría una reducción de masa corporal. Durante el ayuno el cuerpo va a depender de las reservas de energía mientras se mantenga esta condición.

15. En el cuerpo humano la masa y la energía son equivalentes la variación de energía estará en proporción a la variación de su masa. Dado que en este proceso la masa disminuida se convierte en energía térmica podemos afirmar que la masa (kg) da la energía (kcal) mientras el cuerpo permanezca en reposo.

16. El valor de la energía del cuerpo humano es 7419 kcal/kg.

17. El metabolismo corporal está en proporción directa a su masa y temperatura corporal. Cual-

quier variación de temperatura provocara cambios en los valores metabólicos del cuerpo humano.

18. Como la masa y la energía son equivalentes, al perder más energía perdemos más masa. En lugares fríos se pierde más energía que en climas tropicales, debido a que la diferencia de temperaturas es de hasta 16 °C. por lo tanto, en estas zonas frías, al perder más energía se pierde más peso.

19. Es difícil perder peso en climas tropicales debido a que es más difícil disipar la energía.

20. Es difícil perder peso porque las calorías ingeridas de los alimentos no son las mismas calorías corporales.

21. Las únicas maneras de perder peso corporal son:

    - Consumir menos alimentos.
    - Acelerar el metabolismo incrementando la temperatura corporal.
    - Ambas a la vez.
    - Permanecer en clima frio.

Conclusiones.

Al escribir este libro, mi propósito fundamental era dar a conocer el marco conceptual mediante el cual se puede describir el comportamiento energético del cuerpo humano. A partir del análisis previamente argumentado con la información recopilada, ha quedado comprobado que podemos estudiar al individuo haciendo usos de las leyes de la termodinámica.

He hecho principal énfasis en el estudio del metabolismo basal, debido a que mediante este proceso se produce la energía que las células de los organismos necesitan para crecer, reproducirse y mantenerse sanos. La energía metabólica garantiza la supervivencia de los seres humanos.

Los hallazgos a partir de la evidencia recolectada son múltiples y de gran importancia para el hombre y las ciencias. Incluso, se consiguió ampliar las perspectivas iniciales del estudio, logrando así desarrollar, un procedimiento teórico capaz de ser utilizado por empresas, instituciones de gobierno, universidades y todas las personas que utilicen los temas de energía y metabolismo en su quehacer diario.

Poder entender al ser humano en su totalidad es muy complicado por la intervención de muchos factores, que, aunque algunos parecen fáciles de entender y otros se han estudiado a detalles, se necesita de un análisis más profundo.

El hombre quiere darle sentido a todo lo que ocurre a su alrededor porque ese sentido de comprensión le da seguridad a su existencia. Ha avanzado mucho en el conocimiento de sí mismo, pero aún no es suficiente, Existen aún muchas enfermedades que todavía no tienen cura, la obesidad está enfermando a la mayoría de la población mundial y estamos creciendo en habitantes en el mundo a ritmo exponencial, lo que traerá consigo escasez de alimentos y hasta nuevas enfermedades.

Era imperativo hacer una interpretación a detalle desde el punto de vista de la termodinámica, para conocer los efectos del metabolismo desde la perspectiva de la variación de la temperatura corporal y además entender la interacción del ser humano con su medio ambiente y los efectos que pueda provocar en él.

Sin esta nueva forma de abordar el estudio y análisis de la información que existe respecto al tema del cuerpo humano y su relación con la termodinámica, no hubiese logrado el objetivo de obtener una ecuación que prediga el comportamiento energético de la persona.

En consecuencia, logramos:

1. **Definir el metabolismo basal desde la visión termodinámica.**
2. **Determinar el valor de la energía interna U del cuerpo humano.**
3. **Formular dos ecuaciones para el cálculo del metabolismo basal desde la perspectiva tanto de la primera como de la segunda ley de la termodinámica.**
4. **Definir dos enunciados desde la perspectiva de la termodinámica para el cuerpo humano.**
5. **Se determinó el mecanismo corporal que provoca el aumento de masa corporal.**

La segunda ley de la termodinámica aplica de manera cotidiana en nosotros como seres vivientes. El cuerpo humano cumple con la ley de incremento de entropía, es por ello que la vida tiene un ciclo y tiende a un fin. Sin embargo, aún somos considerados como un misterio al reconocer porque ocurren las cosas de alguna forma y no de otra en los organismos vivientes, lo que impide poder entenderlo con la facilidad con la que se puede comprender el funcionamiento de una máquina térmica como la de Carnot.

Quizás la termodinámica no pueda responder a muchas incógnitas que aquejan al hombre actual, por ejemplo; no encontrar la cura de un sin número de enfermedades, responder por qué unos somos más altos que otros, etc. Pero, puede aportar de acuerdo a sus principios, describiendo fenómenos macroscópicos en los que se involucre la energía térmica y sus propiedades.

Hay muchas cosas que no tienen sentido y esa incertidumbre de no entender a llevado al hombre a buscar soluciones más allá de sus posibilidades, hasta considerar emigrar a otros planetas o viajar por el universo.

Somos un carbón encendido que emite calor por un poco de tiempo y luego se desvanece. Tenemos un tiempo de vida demasiado corto y queremos alargarlo a toda costa.

Esa es la razón del hombre en este universo, conservar la vida, es su naturaleza.

Trabajos citados

Academia Lab. (2023). Obtenido de academia-lab: https://academia-lab.com/enciclopedia/equivalencia-masa-energia-emc2/

actuamed. (2021). *actuamed*. Obtenido de atuamed: https://www.actuamed.com.mx/informacion-pacientes/lo-que-debe-saber-sobre-la-fiebre

Allimant, R. D. (Marzo de 2016). *Scielo*. Obtenido de Scielo: https://www.scielo.cl/scielo.php?script=sci_arttext&pid=S0718-92732016000100004

Andres Naranjo Cuellar. (24 de Febrero de 2021). *topdoctors.com*. Obtenido de topdoctors.com: https://www.topdoctors.com.co/articulos-medicos/energia-de-los-alimentos#

Calero, M. P. (14 de julio de 2019). *Researchgate*. Obtenido de Researchgate: https://www.researchgate.net/publication/339063929_Entropia_en_los_Modelos_Macroeconomicos_Otra_perspectiva_de_Funcion_de_Produccion/fulltext/5e3b7459458515072d82f090/Entropia-en-los-Modelos-Macroeconomicos-Otra-perspectiva-de-Funcion-de-Produccion.pdf

CANCER, I. N. (5 de Abril de 2016). *INSTITUTO NACIONAL DEL CANCER*. Obtenido de https://www.cancer.gov/espanol/publicaciones/diccionarios/diccionario-cancer/def/metabolismo

cieah.ulpgc. (2016). *cieah.ulpgc*. Obtenido de cieah.ulpgc: https://cieah.ulpgc.es/es/hidratacion-humana/niveles-hidratacion

ConceptoABC. (julio de 2022). *ConceptoABC*. Obtenido de ConceptoABC.: https://conceptoabc.com/energia-interna/

Conde, J. s. (14 de febrero de 2020). *grupocorpal.com.* Obtenido de grupocorpal.com: https://www.grupocorpal.com/la-vida-como-materia-y-energia/

Cuerpo humano.net. (s.f.). Obtenido de Cuerpo Humano: https://cuerpohumano.net/ciencias-que-estudian-el-cuerpo-humano

Desconocido. (04 de Mayo de 2016). *No vuelvo a engordar.* Obtenido de https://novuelvoaengordar.com/2016/05/04/la-ley-y-la-trampa-del-balance-energetico/

DOC PLAYER. (2019). *docplayer*. Obtenido de docplayer: https://docplayer.es/80077479-Energia-interna-hay-fisica-en-el-cuerpo-humano.html

ECONOMIA3. (15 de Febrero de 2022). *ECONOMIA3.* Obtenido de ECONOMIA3: https://economia3.com/entropia-que-es/#:~:text=La%20entrop%C3%ADa%20tiene%20una%20relaci%C3%B3n,los%20s%C3%ADmbolos%20de%20un%20mensaje..

ejemplos.co. (10 de Octubre de 2022). *Ejemplos.co*. Obtenido de Ejemplos.co: https://www.ejemplos.co/ejemplos-de-energia-interna/

elenfermerodelpendiente. (23 de febrero de 2017). *elenfermerodelpendiente*. Obtenido de elenfermerodelpendiente: https://elenfermerodelpendiente.com/2017/02/23/perdidas-insensibles-en-el-balance-hidricolas-calculamos-bien/

Equipos y Laboratorios. (2022). *Equipos y Laboratorios*. Obtenido de Equipos y Laboratorios: https://www.equiposylaboratorio.com/portal/articulo-ampliado/entropia-desorden-universal

ERGODINAMICA. (s.f.). Obtenido de ergodinamica.com: https://www.ergodinamica.com/especialidades/valoracion-fisica/tasa-metabolica-basal/

Gabriela Briceño. (8 de Marzo de 2023). *EUSTON*. Obtenido de EUSTON: https://www.euston96.com/entropia/

Guillermo Westreicher. (1 de JUNIO de 2020). *ECONOMIPEDIA*. Obtenido de ECONOMIPEDIA: https://economipedia.com/definiciones/entropia.html

Hernandez, A. (28 de mayo de 2018). *albertohernandez.es*. Obtenido de albertohernandez.es: https://albertohernandez.es/2018/05/28/balance-energetico-cuando-la-ley-de-la-termodinamica-no-es-suficiente/

HUMANO, L. T. (19 de Noviembre de 2017). *clubensayos*. Obtenido de clubensayos: https://www.clubensayos.com/Ciencia/LA-TERMODIN%C3%81MICA-Y-EL-CUERPO-HUMANO/4201503.html

INUBA. (2023). Obtenido de inuba.com: https://inuba.com/blog/que-es-tasa-metabolica-basal-usos/#:~:text=La%20tasa%20metab%C3%B3lica%20basal%20%28TMB%29%20o%20metabolismo%20basal,respirar%2C%20procesos%20digestivos%2C%20control%20de%20la%20temperatura%2C%20etc.

ityos. (2022). Obtenido de ityos: https://clinicaityos.com/calorimetria-indirecta/#:~:text=La%20calorimetr%C3%ADa%20indirecta%20es%20considerada,cuerpo%20y%20el%20medio%20ambiente.

J, P. P. (1 de Diciembre de 2021). *Definicon.DE*. Obtenido de Definicon.DE: https://definicion.de/entropia/

Lopez, C. T. (11 de julio de 2017). *Cultura cientifica*. Obtenido de Cultura cientifica: https://culturacientifica.com/2017/07/11/la-primera-ley-la-termodinamica/

M., I. C. (2023). *PDFCOFFEE*. Obtenido de PDFCOFFEE: https://pdfcoffee.com/la-segunda-ley-de-la-termodinamica-1-pdf-free.html

manzanas, j. (22 de julio de 2021). *OKdiario.* Obtenido de OKdiario: https://okdiario.com/curiosidades/cosas-distinguen-humano-animales-873681

Moreiras, G. V. (s.f.). *ALAN*. Obtenido de Archivos Latinoamericanos de nutricion: https://www.alanrevista.org/ediciones/2015/suplemento-1/art-144/

NATIONAL GEOGRAPHIC. (29 de Agosto de 2022). *nationalgeographicla.* Obtenido de nationalgeographicla.: https://www.nationalgeographicla.com/ciencia/2022/08/36-o-37-cual-es-la-temperatura-normal-del-cuerpo

Navas, J. G. (2015). *enfermeriadeurgencias.com.* Obtenido de enfermeriadeurgencias.com: http://www.enfermeriadeurgencias.com/ciber/enero2015/pagina2.html

niddk.nih.gov. (Diciembre de 2018). *niddk.nih.gov.* Obtenido de niddk.nih.gov: https://www.niddk.nih.gov/health-information/informacion-de-la-salud/enfermedades-digestivas/aparato-digestivo-funcionamiento#:~:text=El%20aparato%20digestivo%20descompone%20qu%C3%ADmicamente,y%20reparaci%C3%B3n%20de%20las%20c%C3%A9lulas.

OMS. (8 de junio de 2021). *who.int.* Obtenido de who.int: https://www.who.int/es/news-room/fact-sheets/detail/obesity-and-overweight

perez, C. (2022). *natursan.* Obtenido de natursan.: https://www.natursan.net/metabolismo-lento/

Planas, O. (17 de junio de 2020). *ENERGIA SOLAR*. Obtenido de ENERGIA SOLAR: Un sistema termodinámico es una parte del universo físico con un límite específico para la observación. Este límite puede estar definido por paredes reales o imaginarias. Un sistema contiene lo que se llama un objeto de estudio. Un objeto de estudio es un

Planas, O. (29 de junio de 2022). *Energia Solar*. Obtenido de Energia Solar: https://solar-energia.net/termodinamica/historia-de-la-termodinamica

PRO CAPSULAS. (s.f.). *procapsulas.com*. Obtenido de procapsulas.com: https://procapsulas.com/termogenesis-y-su-efecto-en-el-organismo/

QUIMITUBE. (2013). *QUIMITUBE*. Obtenido de QUIMITUBE: https://www.quimitube.com/videos/termodinamica-teoria-17-el-aumento-de-entropia-del-universo-segundo-principio-de-la-termodinamica/

Quora. (2020). Obtenido de Quora: https://es.quora.com/Por-qu%C3%A9-se-dice-que-el-ser-humano-es-la-m%C3%A1quina-perfecta

Rojas, J. J. (s.f.). *fgsalazar.* Obtenido de fgsaazar: https://fgsalazar.net/LANDIVAR/ING-PRIMERO/boletin04/URL_04_QUI01.pdf

S&P. (11 de Febrero de 2019). Obtenido de S&P: https://www.solerpalau.com/es-es/blog/calor-latente/

Sanchez, A. S. (22 de enero de 2020). *revistanutricionclinicametabolismo.* Obtenido de revistanutricionclinicametabolismo: https://revistanutricionclinicametabolismo.org/public/site/Arroyo_REVISION_prediseno_2020.pdf

Sanchez, A. S. (2020). *Revistanutricionclinicametabolismo.org*. Obtenido de Revistanutricionclinicametabolismo.org: https://revistanutricionclinicametabolismo.org/index.php/nutricionclinicametabolismo/article/view/88/334

SatirNet Safety. (14 de Agosto de 2015). Obtenido de SatirNet Safety: https://www.satirnet.com/satirnet/2015/08/14/intercambio-termico-entre-el-cuerpo-humano-el-medio/#:~:text=INTERCAMBIO%20

T%C3%89RMICO%20ENTRE%20EL%20CUERPO%20 HUMANO%20Y%20EL%20MEDIO,-Posted%20on%20 %3A%2014&text=Tiene%20lugar%20principalmente%20a%20trav%C3%

sc.ehu. (2011). Obtenido de sc.ehu: http://www.sc.ehu.es/sbweb/fisica/estadistica/carnot/carnot.htm

SCRIBD. (5 de JULIO de 2014). *SCRIBD*. Obtenido de SCRIBD: https://es.scribd.com/document/232720092/Segunda-ley-de-la-termodinamica-en-la-vida-de-un-ser-humano-desde-el-punto-de-vista-fisico

SCRIBD. (25 de junio de 2017). *SCRIBD*. Obtenido de SCRIBD: https://es.scribd.com/document/352220500/El-Ser-Humano-Como-Maquina-Termodinamica-Luis

SCRIBD. (21 de OCTUBRE de 2021). *SCRIBD.* Obtenido de SCRIBD: https://es.scribd.com/document/534267463/Conferencia-Balance-Hidrico#

SEMANA. (10 de Enero de 2020). Obtenido de SEMANA: https://www.semana.com/vida-moderna/articulo/el-cuerpo-humano-guia-para-ocupantes-el-libro-de-bill-bryson-sobre-la-mejor-tecnologia-que-tenemos/647600/

siempremexico. (7 de julio de 2022). *siempremexico.* Obtenido de siempremexico: https://siempremexico.net/la-energia-y-su-intervencion-para-cambiar-las-propiedades-de-los-materiales/

soypowerlifter. (s.f.). Obtenido de soypowerlifter: https://www.soypowerlifter.com/calculadora-harris-benedict/

Suarez, F. (2008). *El Poder Del Metabolismo.* Frank Suarez.

TAREAS, B. (31 de mayo de 2013). *Buenas Tareas.* Obtenido de Buenas tareas: https://www.buenastareas.com/ensayos/Termodinamica-Humana/26921891.html

Teruel, F. M. (s.f.). *Acces Medicina*. Obtenido de McGraw Hill Medical: Control y regulación de la temperatura corporal | Fisiología humana, 4e | AccessMedicina | McGraw Hill Medical..

Toxqui, M. P. (2012). *Agua para la salud: pasado, presente y futuro*. Madrid: Consejo Superior de Investigaciones Cientificas.

Tyrtania, L. (2008). La Indeterminacion entropica. *Desacatos #28*, 41-48.

UNICOOS. (3 de JUNIO de 2020). *UNICOOS*. Obtenido de UNICOOS: https://www.unicoos.com/blog/entropia/

UNINET. (s.f.). *uninet.edu*. Obtenido de uninet.edu: https://uninet.edu/tratado/c090301.html

Vargas, M. (2010). GASTO ENERGÉTICO EN REPOSO Y COMPOSICIÓN CORPORAL EN ADULTOS. *Scielo*, 1.

Velarde, M. G. (1980). *fgbueno*. Obtenido de fgbueno: https://fgbueno.es/bas/pdf/bas11002.pdf

Wikipedia. (17 de marzo de 2023). Obtenido de Wikipedia: https://es.wikipedia.org/wiki/Cuerpo_humano

Wikipedia. (14 de Marzo de 2023). Obtenido de Wikipedia: https://es.wikipedia.org/wiki/Equivalencia_entre_masa_y_energ%C3%ADa

world-obesity-atlas. (2022). *worldobesity.org*. Obtenido de worldobesity.org: https://www.worldobesity.org/resources/resource-library/world-obesity-atlas-2022

Z1, M. V. (2011). GASTO ENERGÉTICO EN REPOSO Y COMPOSICIÓN CORPORAL EN ADULTOS. *Scielo.org*, 1.

Zorrilla, F. (2011). Conociendo a Dios a travez de la ciencia. En F. Zorrillo, *Conociendo a Dios a travez de la ciencia* (pág. 322). Palibrio.

Web Grafía

https://es.khanacademy.org/science/ap-biology/cellular-energetics/cellular-energy/a/the-laws-of-thermodynamics#:~:text=T%C3%BA%2C%20como%20todos%20los%20seres,%2C%20hablar%2C%20caminar%20y%20respirar.

http://elcuerpoestermo.blogspot.com/2013/04/el-cuerpo-humano-como-sistema.html

https://es.wikipedia.org/wiki/Cuerpo_humano

Fuente: ¿Cuáles son las ciencias que estudian el cuerpo humano?

https://cuerpohumano.net/ciencias-que-estudian-el-cuerpo-humano

El ser humano pudo aparecer 2 millones de años antes de lo que se pensaba (hipertextual.com)

https://www.marie-claire.es/planeta-mujer/57635.html

https://es.scribd.com/document/72107860/10-Ramas-Que-Estudian-Al-Ser-Humano

https://www.areaciencias.com/biologia/evolucion-del-hombre/

https://ecosistemas.ovacen.com/seres-vivos

https://juanrevenga.com/2012/03/huelga-de-hambre/

Huelga de hambre: ¿qué le ocurre al cuerpo al pasar los días? [INFOGRAFÍA] | TECNOLOGIA | EL COMERCIO PERÚ

¿Qué significa E=MC2 y por qué es tan importante en la historia? | RPP Noticias

TFG_ANTONIO_SEPULVEDA_GALLEGO_221209_131040.pdf

DependeLaInerciaDeUnCuerpoDeSuContenidoDeEnergia-1255180.pdf

https://hmong.es/wiki/Mass%E2%80%93energy_equivalence

http://rsefalicante.umh.es/TemasRelatividad/relatividad19.htm

https://hmn.wiki/es/Mass-energy_equivalence

http://rsefalicante.umh.es/TemasRelatividad/relatividad19.htm

https://www.fao.org/3/w0073s/w0073s0c.htm

https://es.wikipedia.org/wiki/Primer_principio_de_la_termodin%C3%A1mica

https://es.wikipedia.org/wiki/Equivalencia_entre_masa_y_energ%C3%ADa

https://www.ergodinamica.com/especialidades/valoracion-fisica/tasa-metabolica-basal/

https://docplayer.es/16055826-Termodinamica-1-1-ley-de-la-termodinamica-aplicada-a-volumenes-de-control.html

https://www.xataka.com/espacio/que-viajar-a-velocidad-luz-teoricamente-imposible-1

https://www.mineduc.gob.gt/DIGECADE/documents/Telesecundaria/Recursos%20Digitales/3o%20Recursos%20Digitales%20TS%20BY-SA%203.0/CIENCIAS%20NATURALES/U9%20pp%20204%20energ%C3%ADa.pdf

https://hmong.es/wiki/Mass%E2%80%93energy_equivalence

https://culturacientifica.com/2018/02/06/equivalencia-masa-energia/

http://rsefalicante.umh.es/TemasRelatividad/relatividad19.htm

https://academia-lab.com/enciclopedia/equivalencia-masa-energia-emc2/

https://es-academic.com/dic.nsf/eswiki/395909

https://forum.lawebdefisica.com/forum/el-aula/relatividad-y-cosmolog%C3%ADa/34167-tipos-de-energ%C3%ADa

https://www.translatorscafe.com/unit-converter/es-ES/energy/65-28/kilogram-kilocalorie%20(th)/

https://www.fao.org/3/w0073s/w0073s0s.htm#:~:text=Se%20considera%20hambruna%20a%20la,una%20grave%20desnutrici%C3%B3n%20o%20malnutrici%C3%B3n.

https://docplayer.es/80077479-Energia-interna-hay-fisica-en-el-cuerpo-humano.html

https://www.ejemplos.co/ejemplos-de-energia-interna/#ixzz7lEHqTDRv

https://conceptoabc.com/energia-interna/

https://inuba.com/blog/que-es-tasa-metabolica-basal-usos/

https://www.ergodinamica.com/especialidades/valoracion-fisica/tasa-metabolica-basal/

https://www.cancer.gov/espanol/publicaciones/diccionarios/diccionario-cancer/def/metabolismo

https://kidshealth.org/es/teens/metabolism.html#:~:text=Las%20c%C3%A9lulas%20descomponen%20mol%C3%A9culas%20grandes,que%20el%20cuerpo%20se%20mueva.

https://revistanutricionclinicametabolismo.org/index.php/nutricionclinicametabolismo/article/view/88/334#:~:text=La%20calorimetr%C3%ADa%20directa%20mide%20el,VCO2)(11).

https://clinicaityos.com/calorimetria-indirecta/

https://dieteticaynutricionweb.wordpress.com/2017/02/16/calorimetria/

https://es.slideshare.net/jlpc1962/interpretacion-de-la-calorimetra-indirecta

https://albertohernandez.es/2018/05/28/balance-energetico-cuando-la-ley-de-la-termodinamica-no-es-suficiente/

https://www.eldebate.com/salud-y-bienestar/salud/20220806/cual-temperatura-maxima-puede-soportar-cuerpo-humano.html

https://enfermeriaintensivatop.com/las-perdidas-insensibles-y-el-balance-hidrico/

https://www.20minutos.es/noticia/4318801/0/cual-es-temperatura-maxima-puede-soportar-ser-humano/

https://www.telemadrid.es/programas/telenoticias-1/Cual-es-el-limite-de-temperatura-que-puede-soportar-el-cuerpo-humano-2-2471172887--20220722033401.html

https://www.tylenol.com.mx/sintomas/fiebre/fiebre-en-adultos

https://economipedia.com/definiciones/entropia.html

https://concepto.de/entropia/#:~:text=Ejemplos%20de%20entrop%C3%ADa,-La%20f%C3%ADsica%20advierte&text=Algunos%20ejemplos%20cotidianos%20de%20entrop%C3%ADa,-manera%20espont%C3%A1nea%20en%20sentido%20inverso.

Fuente: https://concepto.de/entropia/#ixzz7s1nir3aH

https://economia3.com/entropia-que-es/

Adams, Richard N., 1978, La red de la expansión humana. Un ensayo sobre energía, estructuras disipativas, poder y ciertos procesos mentales en la evolución de la sociedad humana, Ediciones de la Casa Chata, México. [Links]

https://www.scielo.org.mx/scielo.php?script=sci_arttext&pid=S1607-050X2008000300005

https://es.wikipedia.org/wiki/Segundo_principio_de_la_termodin%C3%A1mica#:~:text=Este%20principio%20establece%20la%20irreversibilidad,por%20Sadi%20Carnot%20en%201824.

https://culturacientifica.com/2017/07/11/la-primera-ley-la-termodinamica/

http://recursostic.educacion.es/secundaria/edad/2esobiologia/2quincena2/2q2_contenidos_1c.htm#:~:text=Calor%20y%20trabajo%20son%20dos,cuerpos%20que%20tienen%20diferente%20temperatura.

https://solar-energia.net/termodinamica/sistema-termodinamico

https://www2.montes.upm.es/dptos/digfa/cfisica/termo1p/primerp.html

https://www.renc.es/imagenes/auxiliar/files/RENC-2015supl1ANIBES.pdf

Guia EstresTermico por exposicion a calor_230111_220604 (1).pdf

https://www.dgcs.unam.mx/boletin/bdboletin/2020_983.html

https://www.elsevier.es/es-revista-offarm-4-articulo-trastornos-temperatura-corporal-13108301#:~:text=Las%20elevaciones%20de%20la%20temperatura,ejercicio%2C%20o%20un%20ambiente%20caluroso.

https://www.conhintec.com/index.php/sabes-cual-es-la-importancia-de-la-temperatura-en-nuestro-cuerpo

https://www.conhintec.com/index.php/sabes-cual-es-la-importancia-de-la-temperatura-en-nuestro-cuerpo

https://elenfermerodelpendiente.com/2017/02/23/perdidas-insensibles-en-el-balance-hidricolas-calculamos-bien/

https://www.ucm.es/data/cont/docs/458-2013-07-24-Carbajal-Gonzalez-2012-ISBN-978-84-00-09572-7.pdf

https://cieah.ulpgc.es/es/hidratacion-humana/niveles-hidratacion#:~:text=La%20p%C3%A9rdida%20de%20agua%20bajo,de%20agua%20y%20sales%20minerales.

https://medlineplus.gov/spanish/fever.html#:~:text=Las%20infecciones%20causan%20la%20mayor%C3%ADa,m%C3%A1s%20dif%C3%ADcil%20para%20ellos%20sobrevivir.

https://www.gob.mx/salud/articulos/la-temperatura-corporal-normal-oscila-entre-36-5-c-y-37-c https://www.nationalgeographicla.com/ciencia/2022/08/36-o-37-cual-es-la-temperatura-normal-del-cuerpo

Fuente: https://www.ejemplos.co/ejemplos-de-energia-interna/#ixzz7sfipEQFu

https://www.grupocorpal.com/la-vida-como-materia-y-energia/#:~:text=Somos%20pues%20materia%20ordinaria%20del,una%20organizaci%C3%B3n%20interna%20extraordinariamente%20compleja.

https://definicion.de/ser-vivo/

https://okdiario.com/curiosidades/cosas-distinguen-humano-animales-873681

Problemas https://www.tusclasesparticulares.com/blog/energia-interna-esa-gran-desconocida

DependeLaInerciaDeUnCuerpoDeSuContenidoDeEnergia-1255180.pdf

https://hmong.es/wiki/Mass%E2%80%93energy_equivalence

https://www.fao.org/3/w0073s/w0073s0c.htm

https://es.wikipedia.org/wiki/Primer_principio_de_la_termodin%C3%A1mica

https://es.wikipedia.org/wiki/Equivalencia_entre_masa_y_energ%C3%ADa

https://docplayer.es/16055826-Termodinamica-1-1-ley-de-la-termodinamica-aplicada-a-volumenes-de-control.html

https://www.xataka.com/espacio/que-viajar-a-velocidad-luz-teoricamente-imposible-1

https://www.mineduc.gob.gt/DIGECADE/documents/Telesecundaria/Recursos%20Digitales/3o%20Recursos%20Digitales%20TS%20BY-SA%203.0/CIENCIAS%20NATURALES/U9%20pp%20204%20energ%C3%ADa.pdf

https://hmong.es/wiki/Mass%E2%80%93energy_equivalence

https://culturacientifica.com/2018/02/06/equivalencia-masa-energia/

http://rsefalicante.umh.es/TemasRelatividad/relatividad19.htm

https://academia-lab.com/enciclopedia/equivalencia-masa-energia-emc2/

https://es-academic.com/dic.nsf/eswiki/395909

. https://www.nodo50.org/ciencia_popular/articulos/Einstein4.htm

https://www.nodo50.org/ciencia_popular/articulos/Einstein3.htm

https://forum.lawebdefisica.com/forum/el-aula/relatividad-y-cosmolog%C3%ADa/34167-tipos-de-energ%C3%ADa

https://www.translatorscafe.com/unit-converter/es-ES/energy/65-28/kilogram-kilocalorie%20(th)/

¿Qué relación tiene el metabolismo con la temperatura? – Respuesta Corta

 Homeostasis y regulación de la temperatura en humanos - Estudiando

https://www.xataka.com/espacio/que-viajar-a-velocidad-luz-teoricamente-imposible-1

https://www.mineduc.gob.gt/DIGECADE/documents/Telesecundaria/Recursos%20Digitales/3o%20Recursos%20Digitales%20TS%20BY-SA%203.0/CIENCIAS%20NATURALES/U9%20pp%20204%20energ%C3%ADa.pdf

https://hmong.es/wiki/Mass%E2%80%93energy_equivalence

www.ingramcontent.com/pod-product-compliance
Ingram Content Group UK Ltd.
Pitfield, Milton Keynes, MK11 3LW, UK
UKHW021701190726
13853UKWH00001B/392